"十四五"国家重点出版物出版规划项目
青少年科学素养提升出版工程

本书由中国科学院武汉植物园组织编写

中国青少年科学教育丛书
总主编 郭传杰 周德进

生命科学的世界

张凡 张莉俊 主编

浙江教育出版社·杭州

图书在版编目（CIP）数据

生命科学的世界 / 张凡，张莉俊主编. -- 杭州 ：浙江教育出版社，2022.10（2024.5 重印）
（中国青少年科学教育丛书）
ISBN 978-7-5722-3210-7

Ⅰ. ①生… Ⅱ. ①张… ②张… Ⅲ. ①生命科学一青少年读物 Ⅳ. ①Q1-0

中国版本图书馆CIP数据核字(2022)第044306号

中国青少年科学教育丛书

生命科学的世界

ZHONGGUO QINGSHAONIAN KEXUE JIAOYU CONGSHU

SHENGMING KEXUE DE SHIJIE

张　凡　张莉俊　主编

策　　划 周　俊
责任校对 陈阿倩
责任编辑 姚　璐　江　雷
营销编辑 滕建红
责任印务 曹雨辰
美术编辑 韩　波
封面设计 刘亦璇

出版发行 浙江教育出版社（杭州市环城北路177号　电话：0571-88909724）
图文制作 杭州兴邦电子印务有限公司
印　　刷 杭州富春印务有限公司
开　　本 710mm × 1000mm　1/16
印　　张 12.5
字　　数 250 000
版　　次 2022年10月第1版
印　　次 2024年5月第3次印刷
标准书号 ISBN 978-7-5722-3210-7
定　　价 38.00元

总序

高度重视科学教育，已成为当今社会发展的一大时代特征。对于把建成世界科技强国确定为21世纪中叶伟大目标的我国来说，大力加强科学教育，更是必然选择。

科学教育本身即是时代的产物。早在19世纪中叶，自然科学较完整的学科体系刚刚建立，科学刚刚度过摇篮时期，英国著名博物学家、教育家赫胥黎就写过一本著作《科学与教育》。与其同时代的哲学家斯宾塞也论述过科学教育的重要价值，他认为科学学习过程能够促进孩子的个人认知水平发展，提升其记忆力、理解力和综合分析能力。

严格来说，科学教育如何定义，并无统一说法。我认为科学教育的本质并不等同于社会上常说的学科教育、科技教育、科普教育，不等同于科学与教育，也不是以培养科学家为目的的教育。究其内涵，科学教育一般包括四个递进的层面：科学的技能、知识、方法论及价值观。但是，这四个层面并非同等重要，方法论是科学教育的核心要素，科学的价值观是科学教育期望达到的最高层面，而知识和技能在科学教育中主要起到传播载体的功用，并非主要目的。科学教育的主要目的是提高未来公民的科学素养，而不仅仅是让他们成为某种技能人才或科学家。这类似于基础教育阶段的语文、体育课程，其目的是提升孩子的人文素养、体能素养，而不是期望学生未来都成为作家、专业运动员。对科学教育特质的认知和理解，在很大程度上决定着科学教育的方法和质量。

科学教育是国家未来科技竞争力的根基。当今时代，经历了五次科技革命之后，科学技术对人类的影响无处不在、空前深刻，科学的发展对教育的影响也越来越大。以色列历史学家赫拉利在《人类简史》里写道：在人类的历史上，我们从来没有经历过今天这样的窘境——我们不清楚如今应该教给孩子什么知识，能帮助他们在二三十年后应对那时候的生活和工作。我们唯一可以做的事情，就是教会他们如何学习，如何创造新的知识。

在科学教育方面，美国在20世纪50年代就开始了布局。世纪之交以来，为应对科技革命的重大挑战，西方国家纷纷出台国家长期规划，采取自上而下的政策措施直接干预科学教育，推动科学教育改革。德国、英国、西班牙等近20个西方国家，分别制定了促进本国科学教育发展的战略和计划，其中英国通过《1988年教育改革法》，明确将科学、数学、英语并列为三大核心学科。

处在伟大复兴关键时期的中华民族，恰逢世界处于百年未有之大变局，全球化发展的大势正在遭受严重的干扰和破坏。我们必须用自己的原创，去实现从跟跑到并跑、领跑的历史性转变。要原创就得有敢于并善于原创的人才，当下我们在这方面与西方国家仍然有一段差距。有数据显示，我国高中生对所有科学科目的感兴趣程度都低于小学生和初中生，其中较小学生下降了9.1%；在具体的科目上，尤以物理学科为甚，下降达18.7%。2015年，国际学生评估项目（PISA）测试数据显示，我国15岁学生期望从事理工科相关职业的比例为16.8%，排全球第68位，科研意愿显著低于经济合作与发展组织（OECD）国家平均水平的24.5%，更低于美国的38.0%。若未来没有大批科技创新型人才，何谈到本世纪中叶建成世界科技强国！

从这个角度讲，加强青少年科学教育，就是对未来的最好投资。小学是科学兴趣、好奇心最浓厚的阶段，中学是高阶思维培养的黄金时期。中小学是学生个体创新素质养成的决定性阶段。要想30年后我国科技创新的大树枝繁叶茂，就必须扎扎实实地培育好当下的创新幼苗，做好基础教育阶段的科学教育工作。

发展科学教育，教育主管部门和学校应当负有责任，但不是全责。科学教育是有跨界特征的新事业，只靠教育家或科学家都做不好这件事。要把科学教育真正做起来并做好，必须依靠全社会的参与和体系化的布局，从战略规划、教育政策、资源配置、评价规范，到师资队伍、课程教材、基地建设等，形成完整的教育链，像打造共享经济那样，动员社会相关力量参与科学教育，跨界支援、协同合作。

正是秉持上述理念和态度，浙江教育出版社联手中国科学院科学传播局，组织国内科学家、科普作家以及重点中学的优秀教师团队，共同实施“青少年科学素养提升出版工程”。由科学家负责把握作品的科学性，中学教师负责把握作品同教学的相关性。作者团队在完成每部作品初稿后，均先在试点学校交由学生试读，再根据学生反馈，进一步修改、完善相关内容。

“青少年科学素养提升出版工程”以中小学生为读者对象，内容难度适中，拓展适度，满足学校课堂教学和学生课外阅读的双重需求，是介于中小学学科教材与科普读物之间的原创性科学教育读物。本出版工程基于大科学观编写，涵盖物理、化学、生物、地理、天文、数学、工程技术、科学史等领域，将科学方法、科学思想和科学精神融会于基础科学知识之中，旨在为青少年打开科学之窗，帮助青少年开阔知识视野，洞察科学内核，提升科学素养。

“青少年科学素养提升出版工程”由“中国青少年科学教育丛书”和“中国青少年科学探索丛书”构成。前者以小学生及初中生为主要读者群，兼及高中生，与教材的相关性比较高；后者以高中生为主要读者群，兼及初中生，内容强调探索性，更注重对学生科学探索精神的培养。

“青少年科学素养提升出版工程”的设计，可谓理念甚佳、用心良苦。但是，由于本出版工程具有一定的探索性质，且涉及跨界作者众多，因此实际质量与效果如何，还得由读者评判。衷心期待广大读者不吝指正，以期日臻完善。是为序。

2022 年 3 月

目录

第1章

生命起源

在浩瀚的宇宙中，地球是目前唯一已知具有生命的星球。不论这是一场奇妙的巧合，还是大自然的悉心安排，都决定了生命不平凡的使命。每一个生命都要经历一段艰难而奇妙的旅程，其中充满了未知、惊险、挑战和希望。古人云“人生天地间，忽如远行客”，想必我们的祖先也曾努力探索过，生命为何如此神奇？它究竟起源于何处？地球母亲孕育了丰富多彩的世界，开启了万物生命之旅。时间赋予生命神奇，成就了人类的绝对优势，那么我们是从何处而来？又历经了怎样的坎坷和磨难？人类发展的历史很长，而一个人的一生非常有限，如何利用有限的生命去解码无限的历史？问题的终极答案，需要一代代人的努力才有可能得到。

神奇的生命从哪里来

生命的神奇体现在许多方面，最令人着迷之处莫过于它的起源了。谈及此处，我们也许会抬头仰望星空。关于宇宙的起源和发生，当今科学界中较有影响力的学说是宇宙爆炸论，即认为宇宙是在过去有限的时间之前，由一个密度极大且温度极高的状态膨胀而来。如今，生物进化论已经对地球上生命的繁衍和发展做出了详尽的阐释。然而对于生命的起源这个问题，我们迟迟无法交出答卷。地球上的生命是何时、何地又是如何诞生的呢？

生命的进程并不容易，纵观地球发展的时间线，若把地球诞生至今的这段时间当成一年，尽管三月可能已经有了微生物，但

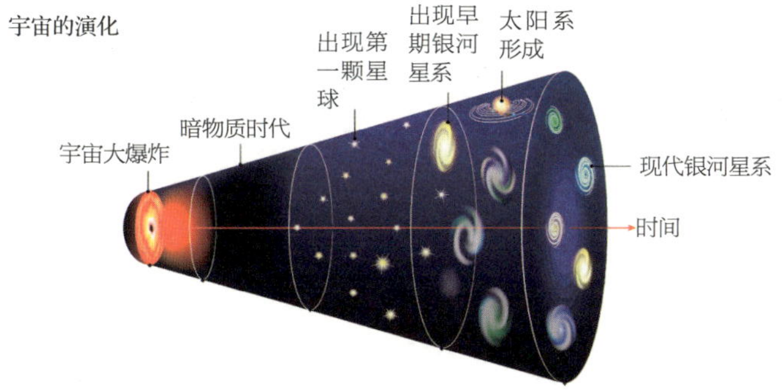

图 1-1　图为宇宙演化示意图，图左侧红色圆环中的黑色实心点代表宇宙太初状态。这一模型框架起源于爱因斯坦的广义相对论，得到了当今科学研究和数据的广泛支持，并且在物理学家和天文学家的不断探索下得到完善

到十一月的第三个星期才出现最简单的鱼类。而人类存在的时间只占据了这一年中的最后一分钟。目前，从地球多个地方发现的最古老的生命化石证据证明，地球上的生命起源于约35亿年前。

根据现有的研究来看，地球形成于大约46亿年前，在形成之初是一颗炽热的火球。由于持续受到亿万颗彗星和陨石的撞击，起初地球表面的火山喷发出的炽热岩浆四处流动。后来过了大约1亿年，高达数千摄氏度的温度才降了下来，火山及其喷发量都渐渐变少，冷却后的岩浆变成了岩石。那时的地球上没有生命，是一个荒凉沉寂的世界。彼时，由于地球没有液态水，大气中因充满氮气而呈现红色。而携带水分的彗星及其他小天体在宇宙中漫无目的地游荡，在经过质量较大的太阳系时，受到万有引力的

图1-2　图为菊石化石标本。菊石是中生代最具代表性的海洋软体动物，地质学家可以借助含有菊石化石的地层进行定年研究

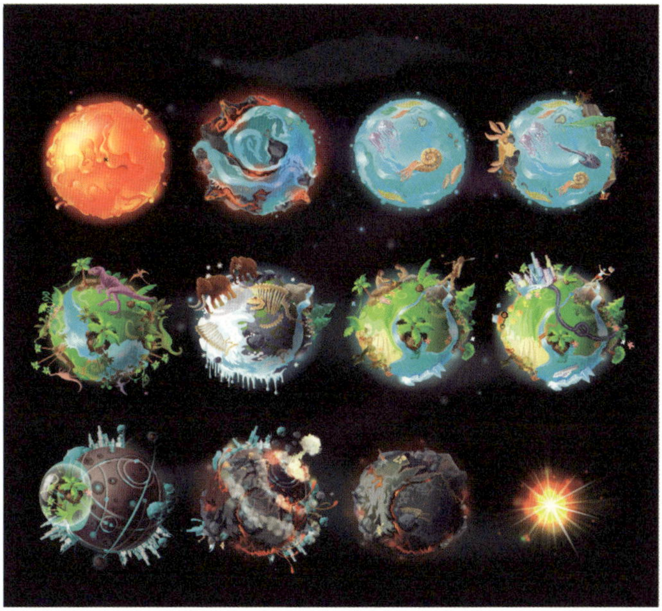

图 1-3　地球演变示意图

作用，进入了地球的轨道。地球进入了电闪雷鸣的时代，一场雨下了几百万年。由于地球距离太阳的位置特殊，被吸附到地球表面的雨水没有完全被太阳的高温蒸发，也没有被强劲的太阳风吹到宇宙中，就这样，一颗温暖的星球由黑色变成红色，又渐渐变成了蓝色。又过了大约 10 亿年，地球上才有了简单的微生物。自此，地球上神奇的生命之旅开始了。

为了确定生命的起源，科学家采取了各式各样的方法。有些科学家致力于研究我们赖以生存的地球上生命的各个方面，而另外一些科学家则将目光投向太阳系的其他星球中去搜索生命信号。迄今为止，科学家研究最深的当然是我们居住着的这颗蓝色星球了。一般来说，生命的化学进化过程包括四个阶段：从无机小分子生成有机小分子；从有机小分子形成有机大分子；从有机大分子到由有机大分子组成的能自我维持稳定和发展的多分子体系；从多分子体系演变为原始生命。不论是宗教界还是科学界，关于生命起源都有很多假说。从近些年生命起源的科学研究结果来看，当代关于生命起源的假说可归结为两大类：一是“化学进化说”，一是“宇宙胚种说”。化学进化说主张生命起源于原始地球条件下从无机到有机、由简单到复杂的一系列化学进化过程。宇宙胚种说则认为，地球上最初的生命是来自宇宙的外力携带了具有生命特征的生命体在地球上发展的结果。

化学进化说

生命起源的关键问题就在于无机物质是如何转化为有机物质的。在没有生命的原始地球上，非生命物质是如何通过化学作用，产生出多种有机物和生物分子的？生命起源问题首先是原始有机物的起源与早期演化的问题。1922 年，生物化学家奥巴林第一个提出了一种可以验证的假说，认为原始地球上的某些无机物，在来自闪电、太阳辐射等能量的作用下，变成了第一批有机分子。时隔 31 年之后的 1953 年，美国化学家米勒和尤里首次用实验验证了奥巴林的这一假说。他们模拟原始地球上的大气成分，用氢、甲烷、氨和水蒸气等，通过加热和火花放电，合成了有机分子氨基酸。继米勒和尤里之后，许多通过模拟原始地球条件探索有机分子来源的实验，又相继合成了其他组成生命体的重要的生物分子。具有原始的新陈代谢和自我繁殖能力的原始生命的诞生，标志着生命起源化学进化阶段的结束与生物进化阶段的开始。

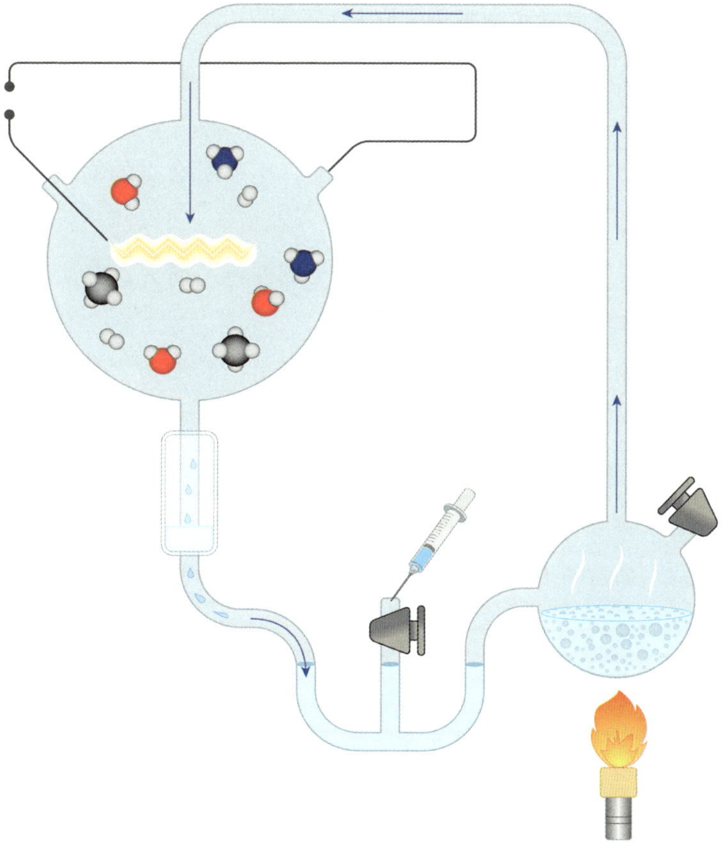

图 1-4　米勒—尤里实验

宇宙胚种说

现阶段科学界已经提出了许多属于宇宙胚种说的假说，其主要观点是同地球碰撞的其中一颗彗星带着一个“生命的胚胎”，穿过宇宙，将其留在了刚刚诞生的地球之上，从而诞生了地球上的生命。有科学家对此类假说持强烈的反对意见，认为彗星可能带来了某些物质，但它们不是决定性的，生命所必需的物质在地球上已经存在。尽管这个观点仍需进一步验证，但对陨石、彗星、星际尘云以及其他行星上的有机分子的探索与研究，势必会为地球上生命起源的研究提供更多参考。

除了科学家，其他行业的人也通过自己的努力，表达着对生命及宇宙的思考。我们头顶的这片浩瀚星空蕴含着无数的可能性，上百亿年的宇宙演化形成了今天的地球。我们现阶段的科技还不足以解释生活中的所有谜团，保持好奇，不断探索，这或许正是生命存在的意义。相信总有一天，这些谜题都会被一一解开。

人类的起源在哪里

人类，无疑是地球上最聪明的动物，以绝对优势占据了食物链的顶端。我们知道，人类与类人猿有着共同的祖先，数百万年前，哺乳动物是地球上的优势物种。那么我们是如何实现从猿类向人类的转变的呢？人类的进化究竟是由什么神奇的机制所驱动的？原始人类又是如何进化为智人的？对于这一系列疑问，古人类学家一直在努力寻找答案。

灵长类动物的祖先——更猴

目前的化石证据证明，哺乳动物最早出现在 2 亿多年前的中生代的三叠纪，于新生代取代恐龙占据生态位优势并开始变得繁盛，成为陆地上具支配地位的动物，至今未变。灵长类动物的进化史最早可追溯到 6500 万年前。气候的改变造成当时的优势物种（特别是恐龙）灭绝，而在这场大灾难下幸存下来的胎盘哺乳动物之中，灵长类动物是最古老的一群。目前已知最古老的类灵长类哺乳动物是更猴，相较于猿类，更猴更像是犬科的哺乳动物。更猴具有四爪，眼睛在头部的两侧，因此它们在陆地上行走比在树上快。不过，它们在树上生活的时间较多，以水果及树叶为主食。

图 1-5　更猴的插画形象

离开森林，走向草原

由于气候的改变，灵长类动物为适应自然，不断地发展与进化。在寒冷的冰期，由于经历了温度的大幅度下降，原有的热带森林面积减少，猿类失去了原有的食物来源，被迫采集地上的野果并捕杀动物。这种生活使猿类放弃了以攀缘为主的生活方式，走出森林，走向更广阔的平原。猿类开始直立行走，手持武器获取食物。有记载可寻的人类历史约有五千年，将这个时间乘以二，追溯到一万年前，人类开始了培育农作物的时代；将一万年乘以二，冰河时期的猎人在山洞壁上绘出精美绝伦的壁画；将两万年乘以一百，此时我们才来到了生活在东非大裂谷的直立人的时代。这些直立人离开树上生活还没有多久，他们四处迁徙，利用工具开始捕猎生活。工具的使用和火的使用体现出早期直立人的智力已达到相当高的水平，摄入的熟食为其提供了丰富的蛋白质，增强了体质，降低了伤病率。

著名人类学家利基夫妇发现了一具距今 160 万年的几乎完整的直立人化石，人们将其称为“图尔卡纳男孩”。从化石来看，当时直立人的脑容量增大了，能制造手斧，擅长跑步。虽然头部较原始，但图尔卡纳男孩的骨骼已和现在的人类相差无几。直立人出色的工匠技艺表明，他们已经拥有制造工具的智慧。而拥有智慧是要付出代价的，身体中最耗能的器官——大脑不断发出指令，指导像图尔卡纳男孩这样的直立人在草原中获取更多的营养，比如摄取更多的肉类食物。

距今 50 万年前，智人出现，其形态特征比直立人更为进步。25 万年前到 3 万年前，尼安德特人具备了人类的基本特征，成为

图 1-6　尼安德特人复原图

离我们最近的人类的典型。智人与尼安德特人的化石在世界多个地区被相继发现，这也从侧面论证了人类的进化是以多元的方式进行的。群居生活促使他们建立了人类社会。

我们难以想象，弱小的智人每天都会面临这样的问题：要怎样猎杀大型动物，而不受对方伤害？如何制作更加锋利的工具捕获猎物？日复一日地思考，促使他们的脑容量越来越大，如后期智人的脑容量是早期智人的三倍多；比起早期智人来，晚期智人明显具有更强健的体魄和更大的脑容量。

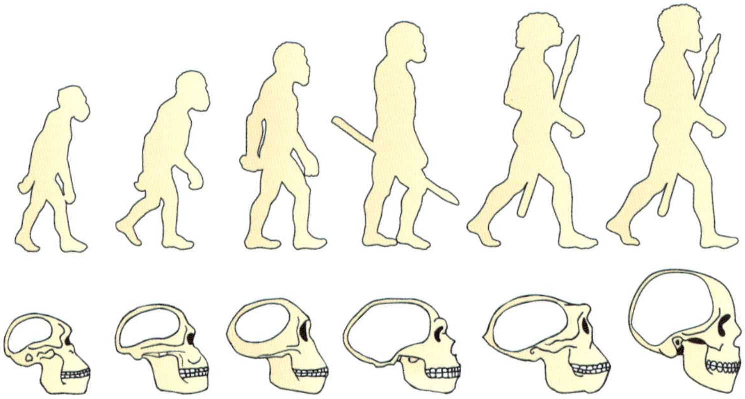

图 1-7　通过不断地进化，人类的脑容量越来越大

那些留在岩洞深处的朴实的壁画，为我们现代人了解祖先提供了可追寻的信号。《人类简史》一书中指出，与同时期其他物种相比，在体力与速度上完全不占优势的晚期智人，利用独有的抽象思维能力捕捉猎物，完成了人类智力的飞跃。正如电影《疯狂原始人》中所传递的信息：尽管艰苦，但人类探索世界的脚步从

图 1-8　直立人利用工具追捕猎物，他们已具有更大的脑容量，其骨骼已经与现代人的骨骼相似

未停止，也许这是根植于古老基因中的冥冥召唤，为了摆脱饥饿、寒冷和黑夜，利用智慧创造美好的生活。

图 1-9　图为呈现了南非传统部落的祖先捕猎羚羊的场景的壁画

多元的进化过程

你是否也曾好奇过，为什么总说人是猴子变的？既然我们是猴子变的，为什么现在还有猴子呢？现在的猴子为什么再也不能进化为人呢？

阐述人类起源的各类教程都告诉我们，现在的人类是从猿类进化而来的。这种表述往往会带来一种误导，即人类的进化，甚至生物的进化就是一条轴线。对进化的误解，已经影响了许多我们看待地球上其他生物的方式。早期的人类学研究者推论，人类物种来自单线演化，也就是数百万年来只有一个物种不断改变，最终进化为智人。实际上，生物的进化并不是在一条轴线上完成的。如果把生命的进化过程画成一张谱图，我们可以看到进化的过程就好像一棵繁茂的大树。如果向上追溯时间，我们会惊讶地发现，人类和许多现存的动物拥有共同的祖先，而时间的手，早已把我们放在了不同的枝条上。也许只有体内携带的古老基因还会提示我们，错节的枝条最终会追溯到同一个起点。

生命起源于约 30 亿年前，古海洋中出现了多细胞生物。这些多细胞生物包含真菌、植物和动物。随后，一些鱼类来到岸上，演变成其他的生物，如哺乳动物或爬行动物。其中，一些爬行动物演变成了鸟类；一些哺乳动物演变成了灵长类动物，其中一些灵长类动物演变成了猴子，另一些演变成了猿类，进而演变出不同的人种。所以更为严谨的说法是这样：我们并不是猴子演变而来的，而是与它们拥有同一个祖先。我们同猿类或者猴子已经在过去的某个时刻产生了区别与分化，且再无交集。所以尽管经历了沧海桑田，猴子也许日渐聪明，但它们仍然是猴子，不会进化成为人类。当然，在相当长一段时间内，我们也并不会进化成为另外一种生物。

达尔文曾在《物种起源》一书中大胆预测，人类的起源地可能是在非洲。古人类学家通过化石证据证明，古猿人可能最早的确出现在非洲，比如，20 世纪 90 年代在埃塞俄比亚发现了距今 440 万年的“始祖南猿”和距今 250 万年的“埃塞俄比亚南猿”。人类和黑猩猩拥有共同的祖先——古猿。大约在 700 万年前，我们与黑猩猩步入了不同的演化过程。古猿经过能人、直立人的演化，最终在 50 万年前形成了智人，然后由智人进化为现代人。

生物学家不断改进、修正和扩充现代的测试方法，对生物的进化过程进行研究。在科学领域，多元化的视角开始出现，并得到基因流等技术的支持，促使研究人员发展出多元的进化理论。现在已知的与人类最近的非洲南方古猿，可能只是演变为人类的猿中的一种。然而这并不与在欧洲、亚洲或是非洲等其他地区的其他人类先祖的存在相冲突。2016 年发表在《美

图 1-10　达尔文

国国家科学院院刊》的一篇文章中指出，人类很可能有多个祖先共同进化，只是后来其他的分支都灭绝了，唯独留下现代人一个分支。迄今为止，在700万年前到450万年前，能被追踪到的有

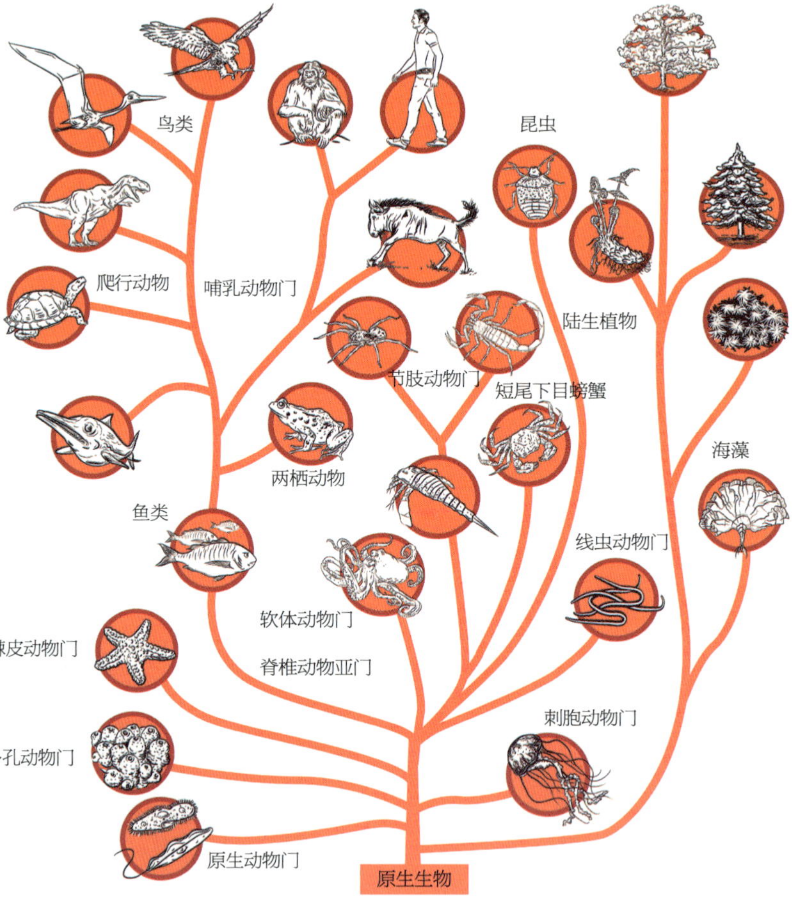

图 1–11　生物进化树

3 个物种，分别是图根原人、乍得人猿、卡达巴地猿。传统观点认为，他们是已知的最古老的与人类相关的人族种族。不过，科学家们并没有否认更多未知物种的存在。450 万年前到 390 万年前，始祖地猿出现在东非，从形态学上来说，可以与湖畔南猿相连接。随后又有好几种南猿演化出来，最为大众所熟知的是露西，也就是所谓“人类共同的母亲”。这篇文章中还指出，300 多万年前的人族至少有 5 个种类。

在生命进化的历史中，原始生物经历了水生、陆生、飞禽的进化步骤，生命几乎遍布所有空间。宇宙正处于它的鼎盛时期，在生命进化的历史长河中，眼前的只是一瞬。相较于地球上的其他物种，我们人类的进化时间太过短暂。现阶段的证据已经足够证明当时的人族是多种共存的，每个演化途径各有其精妙之处。至于为什么就单独剩下我们这支继续发展演化，这又是吸引科学家开展研究的另外一个重大问题了。

生物圈中的我们

人类探索真理的脚步从未停止。为了日后登陆其他星球建立生存基地，人们曾耗时 9 年，花费将近 2 亿美元建造了一座名为“生物圈 2 号”的“迷你地球”，也有人将其称为“火星殖民地原型”。取名为“生物圈 2 号”是为了区别于地球（曾被亲切地称为“生物圈 1 号”）。这个模拟地球位于美国亚利桑那州图森市北部圣卡塔利娜山下，在占地 1.3 万平方米的区域内设置了陆地、海洋、沼泽、雨林、沙漠和人类居住区，科学家们按照地球物质能量的交换和循环规律，设置了区域内部的生态循环系统。整个建筑内部采用完全与外界封闭的设计，只用钢架结构撑开了圆形的穹顶。为了模拟太阳的周期性转变，建筑全身采用玻璃覆盖。尽管阻断了与外界的物质交流，“生物圈 2 号”仍建立了完整的电力、电信传输通道，可以与外界进行通信。

这个宏大的工程被誉为继“阿波罗”登月计划之后，最具开创性的科学实验。按照计划，里面的科研工作者会通过自己的劳动，种植或者采摘食物；通过迷你地球中的水循环获取赖以生存的饮用水。而精妙的动植物分布设置，可以保证迷你地球中的氧气含量维持在人类适宜的水平。计划伊始，人们对其充满了期待，幻想着它将为外星探索提供一张可供参考的蓝图。

1991 年 9 月 26 日，这个模拟地球生态循环的小型试验场正式投入使用。8 位科研工作者进入迷你地球，开始了原计划为期两年的实验。然而，在一年多以后，由于“生物圈 2 号”的生态状况发生了不可逆的改变，该实验被迫停止。彼时，“生物圈 2 号”内的氧气含量从 21% 迅速下降到 14%，二氧化碳和二氧化氮的含量直线上升，由于空气成分的转变和降雨格局的失控，很多物种接连死去，大部分脊椎动物陆续死亡，而用于传粉的昆虫全部死亡，不可避免地，需要借助昆虫传粉繁殖的植物也失去了活力。人造沙漠和丛林开始发生植被转换。这一系列变化直接威胁到了

图 1-12 “生物圈 2 号”

8 位科研工作者的身体健康，他们被迫提前撤离迷你地球。至此，“生物圈 2 号”的实验以失败告终。

几年后，科研团队再一次进行了尝试，仍然受挫。之后的十几年，这座昂贵的、被人类寄予深切期待的迷你地球被弃用了。2007 年，该建筑曾被计划改造成公寓楼。2011 年 7 月，亚利桑那大学获得了“生物圈 2 号”的所有权，并在其中开展科学研究。时至今日，“生物圈 2 号”承担了更多的科学研究，只是人们再也没有启动类似“生物圈 2 号”的计划。

“生物圈 2 号”曾经承载着人类的雄心壮志，也曾受到万人指责，而这个实验最终传达出的信息只有一个，我们人类，只有地球这一个家。自从人类出现，地球上的一切都受到了深刻且不可逆的改变。工业革命之后，科技的发展更是加速了这种改变。现如今，我们已经能够飞出地球，奔向宇宙。如果从外太空看过来，会看到地球在黑暗的宇宙中孤独地自转和公转着。自转一周，是地球的一昼夜，绕太阳公转一周，地球上就度过了一个春夏秋冬。地球上每时每刻都在发生能量与物质的转换，然而我们除了观察身处的生物圈，并无法深刻理解其背后的驱动机制。为了能更加深入地探究我们生活的世界，我们进行了各种各样的实验。也许这些实验并不完美，但它们在一定程度上也使我们意识到目前认知的局限性，世界中还有诸多未知有待探索。

2018 年，马克 · 尼尔森博士所著的新书《挑战极限》出版。他是 1991 年到 1993 年首批进驻“生物圈 2 号”的 8 位科研工作

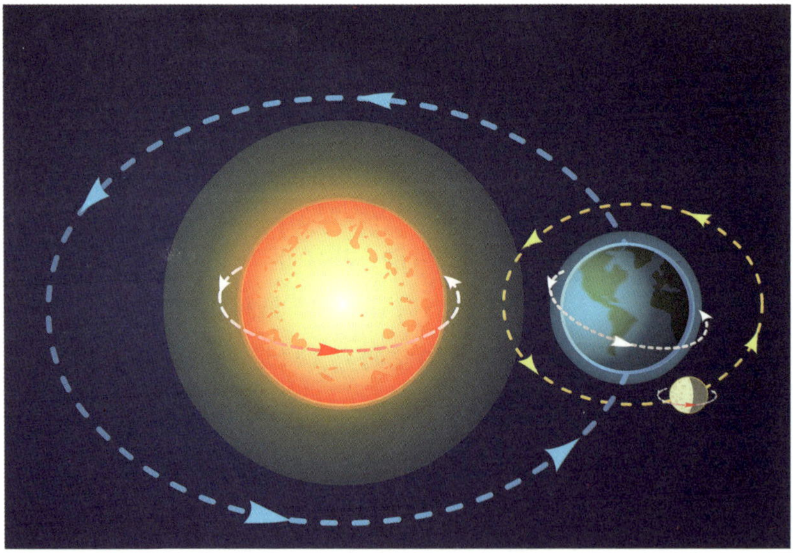

图 1–13　地球的自转和公转示意图。其中最大的橙黄色球体代表太阳，蓝色球体代表地球，最小的黄色球体代表月球

者之一。他在书中说到，“生物圈 2 号”的经历让他与身处的世界有了更深的联系。“以前我曾立志要终身从事对环境有益的项目，但那时它只不过是我的一个想法。当你真正认识到从代谢角度来说，自己就是生物圈的一部分的时候，真的令人感到充实而美妙。”如果有机会，希望你也能拜访“生物圈 2 号”，在未成功的迷你地球试验场中，尝试将自己同这个地球更深刻地联系在一起。

图 1–14　我们和地球紧密相连

第2章

植物

植物界现存的约 45 万种植物中有小到肉眼不可见的丁萍藻，亦有高耸入云约 130 米的北美黄杉；有见血封喉的箭毒木，亦有可用于治疗癌症的紫杉……它们是多姿多彩的世界的重要组成部分，是人类和其他生物赖以生存的物质基础。让我们一起行走于大自然中，感受植物色彩之鲜艳、花香之馥郁、果实之甜美，感受春华秋实之美好。

缤纷的植物世界

是偶然创造了辉煌，还是必然创造了辉煌，在植物世界，这是个问题。植物世界的历史是这样书写的：5亿多年前，绿藻从海洋众多的藻类中脱颖而出，成功登上陆地，成就了现代地球上藻类、苔藓、蕨类、裸子植物、被子植物共存的精彩的植物世界。

原始植物藻类依然在水中随波逐流，它们从来都没有绝迹。俗话说大鱼吃小鱼，小鱼吃虾米，虾米吃泥巴。仔细追究，不少小鱼小虾吃的其实是藻类。凡是有水的区域几乎都有藻类，既有成功登陆的绿藻，也有登陆失败的褐藻等。

据藻类数据库（AlgaeBase）统计，目前藻类有超过16万个种和亚种，有超过49万条分布记录，且这些数字仍在变化，因为科学家对藻类的追寻从未停歇。

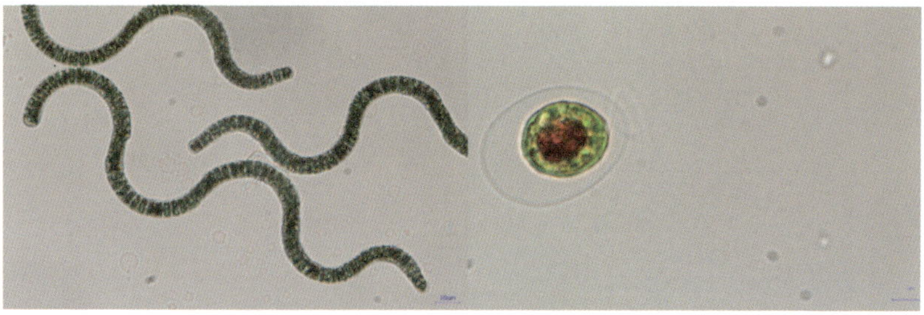

图2-1　显微镜下的钝顶螺旋藻（左）和雨生红球藻（右）（刘彩霞　摄）

全世界已知的苔藓植物有 21200 余种，它们古老而安静，总是紧贴着大地，自始至终钟情阴湿的山林、丰水的沼泽，是陆地植物群落演替的先锋者和拓荒者。除海洋外，地球上几乎到处有其踪迹。

虽然蕨类植物当红的日子已一去不复返，但是它们的身影仍依稀可辨。现存蕨类植物约有 12000 种，广泛分布于世界各地，在热带和亚热带地区尤为丰富。关于蕨类植物的起源，人们一直争论不休，它们到底是由藻类进化而来，还是由苔藓植物进化而来？

图 2-2　4 种蕨类植物的叶片（蒋小涵　摄）

裸子植物中高大挺拔的“擎天柱”比比皆是，比如柏树和杉树。水杉能轻而易举地长到30多米，树干笔直，枝叶秀美。天山云杉耐得住零下40℃的低温，它们拔地而起，平均身高40多米，成片成林地组成雪地里的绿色长城。北美红杉更是了得，其中一佼佼者年岁逾千年，高达110米，胸径8米，气势非凡。

裸子植物现存4亚纲8目12科84属1000余种，中国是其主要分布区，现存10科45属313种。

图2-3 裸子植物——柏树

我们最为熟悉的开花植物，在植物学上被称为被子植物，又被称为显花植物。它们是植物界中最具有生命力的植物类群之一，有36万多种。中国有28000—30000种，约占全球的8%。它们占据了现代地球陆地表面的大部分空间，与人类息息相关。

被子植物是植物世界中的大家族。楠木、樟树、红枫，如巨大的华盖，浓荫蔽日。桃树、梨树、苹果树，会开出美丽的花朵，结出累累硕果。牡丹、杜鹃、栀子花与百合、兰草、虞美人争奇斗艳。紫藤、凌霄只要找到可靠的支撑物，也可以攀缘生长，直上青天。

在植物世界中，有些植物还具有一种特殊的身份，那就是子

图 2-4 被子植物——杜鹃

遗植物。孑遗植物是指起源久远，由于地质和气候原因，近缘类群多已灭绝的比较孤立、小范围存在、进化缓慢的植物。孑遗植物由于其独特的地理位置或者其他巧合，幸运地生存下来。这样的幸运儿虽然不多但也不止一种，比如，叶片像马褂一样的马褂木——鹅掌楸、花朵像白鸽一样的鸽子树——珙桐，还有松叶蕨、桫椤、银杏、水杉等。孑遗植物保留了远古祖先的原始性状，作为活化石存在于这个世界。它们为植物进化提供了可靠的证据，也为植物世界存下了一份宝贵的遗传资源。

让我们凝视地球上的植物世界，感受它们的多姿：它们是阳春三月的一阵清香，它们是炎炎夏日的一片绿荫，它们是萧瑟秋日的一种装饰，它们是冰天雪地的一副傲骨。同为地球居民，缤纷的植物世界让我们深深依恋。

图 2-5 孑遗植物——银杏

种子萌发，静待花开

生命是一场周而复始的旅程

在平凡的泥土里，种子悄无声息，尽管雨水和雪水已经湿润了它的周身。现在，种子渴望有一束光，盼望着一束光。光和光带来的热，会唤醒种子最原始的记忆。当阳光普照大地，种子萌发，开始光合作用，也就开启了一段生命的历程。

无论是茵茵小草，还是依依杨柳，无论是那高耸入云的云杉，还是那攀缘依附的菟丝子，无论是高洁清雅的出水芙蓉，还是那孤绝惊艳的雪莲，都是由一粒种子创造的奇迹。虽然存在于每一个细胞中的基因，驱使它们在不同的环境和不同的条件下展现出不同的样子，但是它们都有一个共同的起点——种子。

图 2-6　阳光普照，万物生长

图 2-7　种子萌发

蒲公英花海

春夏之交，芳草地上的蒲公英长着毛茸茸的小球，轻轻一吹，它的种子便飘向不同的地方。过几年，周围就会出现一片小小的蒲公英花海。种子传播对植物的繁殖、分布和进化至关重要，它是指种子传播体从母株脱离，通过不同媒介传播到不同位点的过程，包括种子或果实依靠自身的重力或外界风力等散布到地表，及外界传播媒介对地表种子搬运的二次迁移过程。传播媒介主要包括风、水、动物、人类活动等。种子的传播就是这么充满惊喜：可能一阵风就吹出了一片花园，一场雨就促成了一片丛林，一群小鸟就带来了一片果园。

图 2-8　用风传播种子的蒲公英

种子的力量

饱满完整的莲的种子，被泥土埋藏了上千年。这些种子栽种后会正常发芽吗？会正常开花吗？会正常结果吗？尽管今天的世界，科技发展日新月异，但是，任何一个高端的实验室，即使已经可以制造出各种上天入地的高科技产品，也都还没有能力制造出一个拥有生命的细胞。

千年前的莲的种子是否还留存着生命的痕迹？

“映日荷花别样红”，这是古代诗人的欣喜，也是现代植物学家的欣喜。千年前的古莲子萌发了，开花了，结果了！种子的力量超乎我们的想象，因为种子肩负着重大的使命。种子是植物生命繁衍之基，其具有的繁殖功能是植株其他器官远远比不了的。在环境合适的情况下，种子可以长成新的植株，使植物得以世代延续。

种子的庇护所——种子库

世界上的植物千千万万，它们不断演化着，也有一部分植物因为各种原因在走向灭绝。我们为什么不建立一个庇护所，来保护地球上这些宝贵的种质资源呢？种质资源是指具有实际或潜在利用价值的、携带生物遗传信息的载体，包括种子、组织、器官、细胞、染色体、DNA 片段和基因等。种子具有体积小、会休眠、易保藏等特点。利用种子的这些特点，人们建立了一座座种子库，万一有一天，因为战火或是自然灾害导致一些物种大面积灭绝，我们还有一艘艘保存希望种子的诺亚方舟。

“一个物种影响一个国家的经济，一个基因关系到一个国家的兴盛。”中国著名植物学家吴征镒教授这样说过。植物中作物的种质资源尤其重要，它是农业科技创新和作物育种的支撑和基础，也是一个国家生存的命脉。

那么中国有没有种子库呢？答案是肯定的。吴征镒教授 1999 年就建议尽快在云南建立野生生物种质资源库，并一直跟进该项目。2007 年 2 月，我国建成了亚洲最大的野生生物种质资源库——中国西南野生生物种质资源库。这一种质资源库包括“五库一圃”——种子库、离体库、DNA 库、微生物库、动物库和种质资源圃。截至 2019 年 2 月，中国西南野生生物种质资源库保存的种

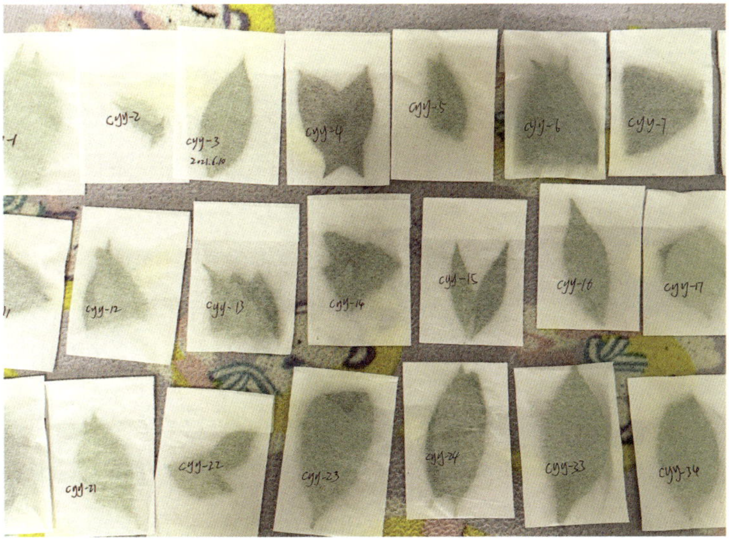

图 2-9 野外采集的叶片样本（彭帅 摄）

子已达 10048 种。

除了中国的种子库，世界上还有其他鼎鼎有名的种子庇护所，比如，挪威的斯瓦尔巴全球种子库和英国邱园的千年种子库。这些种子库，共同为全人类储存希望。

一颗种子的萌发，是一朵花的期待，是一个物种的未来。

猕猴桃流浪记

流浪其实是个回家的故事

2019 年伊始，一部国产科幻片——《流浪地球》横空出世。影片中，未来的太阳系已经不再适合人类生存，人类使用高科技带着冰冻的地球，在宇宙中流浪。人类只能躲在地下城里，在浩瀚的宇宙中寻寻觅觅，期待有一天能够重新回到地球的表面，重新过上安居乐业的美好日子。这是个回家的故事。

作为水果界的“维生素 C 之王”，猕猴桃也有过流浪经历。

历史上，西方人从中国带走了大量的植物资源，他们带走种子、带走球茎，甚至完整的植株，这其中就包括猕猴桃的种子。海外的园艺工人种植了许多年，却始终没有种出他们期待的果实——美味多汁、细腻可口的猕猴桃，他们便放弃了对这种植物的栽培。后来，来自新西兰的一名教师，从中国宜昌带走了一包猕猴桃种子，从此，猕猴桃的命运发生了改变。在新西兰的土地上，猕猴桃不仅成功开花结果，还成为新西兰的支柱产业之一。在那里，它拥有了一个新名字——奇异果。利用中国的猕猴桃资源培育出的奇异果，现今却以昂贵的身价，再次回到了家乡。值得欣慰和骄傲的是，从 20 世纪 70 年代末开始，中国的猕猴桃科研及产业逐渐起步。经过几代科学家的不懈努力，中国的猕猴桃产业已然从苏醒走向崛起，经过人工驯化和新品种选育，源自中国本土的猕猴桃不断走进国内外市场，中国在猕猴桃科学研究和产业化推广上均已成为了世界强国。

猕猴桃与奇异果

猕猴桃和奇异果是同一种植物吗？答案是肯定的，它们在本质上是相同的。

奇异果是英文“kiwi fruit”的音译，新西兰人之所以这样命名猕猴桃，是因为它形似新西兰的国鸟奇异鸟（kiwi）。奇异鸟是一种特别稀有的鸟类，新西兰人将猕猴桃命名为奇异果，也别有一番深意。

图 2-10　奇异鸟

奇异果也好，猕猴桃也罢，实际上它们同为猕猴桃科、猕猴桃属中的多年生木质藤本植物。中国作为全球猕猴桃属植物的主要原产地和自然分布中心，种质资源极其丰富。猕猴桃属植物的 54 个物种及 21 个变种共 75 个分类单元中，有 73 个自然分布于我国，是中国珍贵的果树资源。它们的数量如此众多，内涵如此丰富，所以，如果某一天，更多不同模样、不同颜色、不同口味的猕猴桃出现时，大家可千万不要惊讶。

图 2-11　多种多样的猕猴桃
（中国科学院武汉植物园猕猴桃课题组　摄）

有趣的猕猴桃

海外引种猕猴桃最初为什么会失败呢？其实是因为当时他们种植的都是雄株，而猕猴桃恰恰是一种雌雄异株的植物，只有雄株自然是只开花不能结果。想要结出理想的果实，就需要雄花和雌花结合。

猕猴桃的外表并不都是黄黄的，毛毛的。很多猕猴桃的表皮的确覆盖着粗糙的毛被，那是为了保护体内的种子，防止被贪吃的小动物过早地吃掉，这完全是一种深谋远虑的行为。当然，也

图 2-12 猕猴桃的雄花（左）和雌花（右）（李璐璐 摄）

存在一些特别的猕猴桃，它们外表紧致、光滑、洁净，这并不是因为擦了什么高级护肤品，只是“天生丽质”罢了。

一般来说，苹果是红的，香蕉是黄的，西瓜是绿的，与成熟果实表皮颜色通常单一不同，猕猴桃的果皮不仅有黄褐色，还有翠绿的、金黄的、酒红的、深紫的，靓丽多彩。猕猴桃的果肉颜色一般是碧绿晶莹的，如果有机会观察所有猕猴桃家族的成员，你会发现它们的果肉颜色还不止这一种，桃红、橙红、淡黄、艳黄、翠绿、葱绿，或是绿肉红芯的，黄肉红芯的，丰富多彩。

图 2-13 大小、颜色各异的猕猴桃（蒋小涵 摄）

猕猴桃的果实属于浆果，形状多样、大小不等、风味特殊。它们的果实有圆形或者扁形的，有拳头大小的，也有硬币大小的，口味有酸甜的，也有麻辣的。中国这片神奇的土地一直在给我们惊喜，不同的气候、地形塑造了不同的风味，也给了我们极其广阔的探索空间。

为什么猕猴桃会有如此多样的外形、色彩、口味，却又万变不离其宗？这就又要提到基因这个概念，基因包含了整个生物的密码，不同的基因控制不同的功能，但生物的基因也不是每时每刻都同时起作用的。猕猴桃的外形、色彩和口味由一个或多个不同的基因控制，不同时期不同基因的开闭决定了猕猴桃的品质，也就是我们科学上所说的基因的表达模式。如此异彩纷呈，是物种多样性的表现，是造化使然，是因为大自然拥有一颗有趣的包容之心。

咸水稻真的是咸的吗

“锄禾日当午，汗滴禾下土。谁知盘中餐，粒粒皆辛苦。”这几句诗传诵至今，它描述的食物是亚洲人最熟悉的白米饭，也就是去壳处理后的水稻。我们平时吃的都是普通淡水稻，煮熟后软糯醇香。那么，你吃过咸水稻吗？咸水稻是否稻如其名是咸的呢？

咸水稻，又名海水稻，是耐盐碱水稻的形象化称呼，它们生长在海边滩涂等盐碱地，并非生长于海水里。

普通稻子通常株秆矮，不仅稻秆容易被“压弯了腰”，成熟的稻穗也像一把弯弓。其稻穗呈金黄色，稻米为白色。

咸水稻不仅个子高（1.8—2.3米），而且腰杆挺拔，稻穗也是直的，颇有直冲云霄之感。其稻穗是青白色的，谷粒饱满，稻米为胭脂红色。

图 2-14 普通淡水稻及其米粒

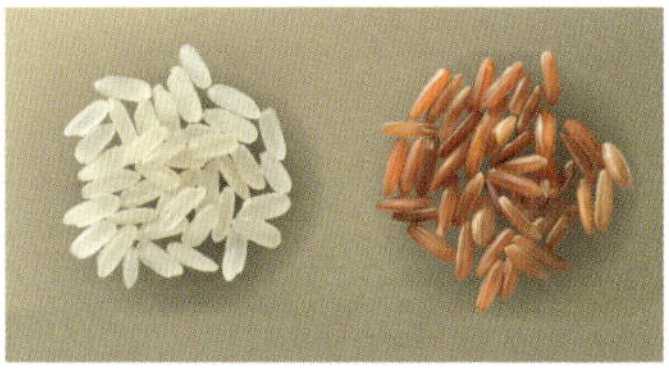

图 2-15 普通淡水稻米粒（左）和咸水稻米粒（右）

我国咸水稻的培育种植源于一株神奇的野生咸水稻。1986年11月的一天，陈日胜和老师罗文列教授一起，到广东遂溪县虎头坡的海滩进行科考。两人在白花花的芦苇荡中穿行时，陈日胜发现了一株约一人高，形似芦苇却又结着穗子的植物。穗子是青白色的，剥开穗子，里面竟是红颜色的像米又像麦的颗粒。他们仔细察看后，断定这是一种长在海滩盐碱地里的野生水稻，而且还呈现出同时开花、结实、抽穗的景象。

陈日胜细心取下那株野生咸水稻中结出的500多粒种子，在海边开始了艰难的育种工作，经过4年普选稻种，定型品系“海稻86”。2017年9月，青岛咸水稻研发中心培育的咸水稻最高亩产已达到620.95千克。有人甚至将咸水稻赞为“一个种植界的哥德巴赫猜想”。2020年，袁隆平团队在10地启动“海水稻”万亩片种植示范，10万亩“海水稻”平均亩产稳定超过400千克，其中江苏南通的大面积示范地平均亩产达802.9千克。

咸水稻的优点

第一，咸水稻抗逆性强。普通水稻需要在高温多湿的自然土壤中生长，抗性差，而咸水稻具有抗旱、抗涝、抗病虫害、抗倒伏、抗盐碱等特点。普通水稻会在完全水淹一周内死亡——这是南亚和东南亚水稻生产的主要制约因素，而咸水稻抗涝耐淹，退潮后长势更好。陈日胜种植的咸水稻曾遭遇暴雨肆虐，在海水中浸泡十几天却毫发无损。

第二，有利于开发、利用盐碱地。盐碱地是指土壤里面含盐量过高影响到作物正常生长的土地。“春种树，夏发黄，过了冬天死光光”，这是中国大多数盐碱地的真实写照。据统计，我国盐碱地总数约 15 亿亩，其中有约 2.8 亿亩具有改造潜力。咸水稻的出现，通过对盐碱地的开发、利用，能够极大地缓解粮食压力问题。

第三，在绿色、营养、口感等方面，有许多独特的优势。由于盐碱地中微量元素含量较高，咸水稻中的矿物质含量比普通稻要高；咸水稻的生长条件恶劣，很少会患普通稻的病虫害，基本不需要农药。那么咸水稻是咸的吗？其实，咸水稻不仅不咸，而且口感还很好，与东北的粳米、南方的籼米不分上下。

咸水稻为何耐盐碱

其实，我国早在明清时期就有关于耐盐碱水稻的文献记载，但由于当时科学技术受限，关于该品种是否高产缺少进一步研究，而咸水稻的出现，是我国耐盐育种历程上取得的重大突破。普通水稻在盐碱地上种植，需要引淡水灌溉将土壤含盐量降至0.2%以下，而咸水稻的耐盐力在0.4%— 0.6%。祝一文等人关于“海稻86”耐盐碱胁迫生理机制的初步研究认为，“海稻86”幼苗具有强耐盐碱性主要可能是通过维持较高的渗透调节和抗氧化胁迫能力实现的。

对“海稻86”的全基因组测序表明，“海稻86”是一种相对古老的籼稻亚种，在系统发育上接近主要水稻品种的分化点。“海稻86”有12条染色体，它们携带了大量和抗盐胁迫相关的基因，这些基因可能是“海稻86”能够适应高盐环境的关键。

虽然咸水稻优点众多，但其产量低、生产成本高，因此作为商品粮生产的经济价值目前仍较低。此外，面对不同的盐碱地，其生长情况也大相径庭，如在山东省正常发育的咸水稻在黑龙江就只开花不结果，这增加了咸水稻推广种植的难度。因此，要加强科研部门交流与合作，着力解决当下咸水稻耐盐碱水平低、适应性差的问题。同时，应加强咸水稻产业法律法规体系建设，增加相关立法支持，共同推动咸水稻产业健康快速向前发展。

植物也会长肿瘤吗

生活中，“肿瘤”是一个不讨喜的名词，人们往往对它感到惧怕，毕竟恶性肿瘤、癌症这些重大疾病总是与“生病”“死亡”“痛苦”联系在一起，让人心惊胆战。不过，大家应该也了解，部分植物具有抗肿瘤、抗癌症的功效，比如我国特有的珙桐科植物喜树，其植物体所含的喜树碱及其衍生物通过特异性抑制 DNA 拓扑异构酶 I 的活性，可发挥卓越的抗癌作用；穿心莲的主要生物活性成分——穿心莲内酯，具有强大的免疫调节和抗肿瘤组织血管生成的能力；紫杉醇具有促进微管蛋白的凝聚和定微管的作用，是抗有丝分裂肿瘤的药物……那么，植物自身会长肿瘤吗？

图 2-16　植物肿瘤（刘洋　摄）

如果在生活中细心观察，你可能会注意到一些树的枝干上有一个个奇怪的凸起物，它们甚至使得原本笔直的树干变得有点“畸形”，这些凸起物就是植物肿瘤。这些植物肿瘤是由于外界或内在的刺激，在植物体中产生的异常突起。这些异常突起，实际上是由一组细胞不受控制地增殖造成的异常组织。

关于植物肿瘤的全面介绍，早在1917年的《植物病理解剖学》一书中就有记录。后续的深入研究发现，许多植物肿瘤的诱导因素通常是病毒，还有一些是遗传因素或生理因素引起的。植物不仅会长肿瘤，而且肿瘤的种类还不少。根据植物肿瘤产生的原因和部位的不同，通常分为以下几类。

冠瘿瘤

冠瘿瘤是由农杆菌侵染形成的瘤状物，至少存在于60多科、200多属的上千种的高等植物中。很多木本经济植物，如苹果、梨、桃、杏、葡萄、蔷薇等，以及一些草本植物，如向日葵、落地生根等，都可以被细菌感染而产生这种肿瘤。

致使冠瘿瘤形成的农杆菌是普遍存在于土壤中的一种革兰氏阴性细菌，它能够在植物的受伤部位侵染植物细胞。当农杆菌侵染植物伤口时，农杆菌细胞中的质粒可以把自身一段包含多个基因的DNA转入植物细胞并插入到该植物基因组中，这些基因在植物细胞中表达，诱导植物产生了冠瘿瘤或发状根。

图2-17　冠瘿瘤

利用农杆菌细胞的这种

特性，科学家对其进行改造，去除其质粒中的致瘤基因，插入有用的外源基因。这种方法的运用创造了个头大且营养丰富的转基因食品。不过，这种方式仍存在争议。

根瘤

根瘤是在植物根系上生长的特殊的瘤，因寄生组织中建成共生的固氮细菌而形成。有趣的是，根瘤的造型别致，常被文物收藏爱好者收藏。

根瘤菌入侵豆科植物根系形成的根瘤分为有限根瘤（非定型根瘤）和无限根瘤（定型根瘤）。有限根瘤的形状为球形，常见于热带的一些豆科植物，如大豆属和豇豆属。有限根瘤的形成原因是细胞膨胀导致成熟的结节，在形成不久后就会失去分生组织活性。无限根瘤有着类似于圆柱体的形状，广泛存在于热带或温带地区豆科下三个亚科的大多数豆科植物中，如豌豆、紫花苜蓿、三叶草和蚕豆等。无限根瘤这一名字的得来是因为其顶端分生组织是一个活跃分子，在根瘤的整个生命过程中都会产生新的细胞。

图 2-18　根瘤

叶瘤

某些高等植物的叶面上有一种叶片与细菌共生而引起的瘤状隆起。具有叶瘤的植物大都属热带或亚热带地区的茜草科、紫金牛科等。具叶瘤特性的植物，其结瘤能力可世代相传。引起叶瘤的细菌，科学家已分离出多种，大都属于杆菌类，例如茜草分枝杆菌、茜草克氏杆菌和蓝黑色杆菌等。叶瘤有固氮的作用，是个“勤俭持家的好手”，因此叶瘤植物可以生长在瘠薄的土壤上。

图 2-19 叶瘤（刘洋 摄）

除此之外，还有因高等植物的组织经病毒刺激而产生的病毒瘤，植物杂交产生的杂交瘤，由辐射引起的辐射瘤，等等。

植物得了肿瘤怎么办

为治疗植物肿瘤，需针对每种植物肿瘤的不同“病因”，对症下药。针对冠瘿瘤，以切除为主，伤口涂抹药剂，将噻苯隆、抑霉唑、春雷霉素等调成糊状，辅助加强肥水等管理，增加植株免疫力。根瘤一般以防为主，一旦发病就很难治。叶瘤的产生原因一般以虫害为主，少量的叶瘤可以通过人工摘除。叶瘤防治以防治成虫为主，通过抑制虫的繁殖，降低叶瘤发病率。

当然，并不是所有植物肿瘤都是需要去除的，比如禾本科多年生宿根草本植物菰的病体产物——茭白，就是一种对人体不仅无害而且有益的植物肿瘤。它是黑粉菌侵入、寄生在菰的内部，刺激菰的茎局部生长和膨胀形成的。其外形似笋，色白质嫩，与莼菜、鲈鱼并称“江南三大名菜”。

虽然目前人们对植物肿瘤的认识还十分有限，但了解植物肿瘤可能对人类肿瘤的研究和防治有所帮助。

图 2-20　茭白

掌心花园

生石花和宝石花

在植物园总能看到一些特别有意思的植物：见血封喉树有种恐怖片的惊悚，光棍树自带笑点，捕蝇草总是蓄势待发。最令人不解的是，还有一颗颗的“石头”被种在花盆里。它们被养在温室里，罩在玻璃下，乍看像是冰凉坚硬的石头，但实际上，它们的表皮柔软得像婴儿的脸，轻轻按下去，充满了弹性。这种“小石头”名叫生石花，颜色独特，肉感十足。

图 2-21 生石花（蒋小涵 摄）

还有一种荷花形状，花瓣饱满宛如宝石一般的植物叫作宝石花。过去，它只存在于《百科全书》的描述里，如今，随着世界的交流和物流的发展，宝石花已经不再罕见。

图 2-22 宝石花

多肉植物的非同凡响之处

无论是生石花还是宝石花，尽管它们的名字中都带有“花”字，但事实上它们都不是植物学意义上的花。那么，它们是什么呢？它们是多肉植物。

图 2-23　多肉植物

多肉植物也称多浆植物，其根、茎、叶三种营养器官中至少有一种是肥厚多汁且具备储藏大量水分功能的。例如，宝石花那一片片如绿宝石的花瓣，生石花那胖嘟嘟的石头脸，都是充满了汁水的叶子。

传统上，多肉植物被视为植物界内的独特功能群，因此，植物学家使用了完全不同的术语来定义这一类植物。18 世纪，有植物学家将其定义为由于多汁而无法制备成标本馆标本的植物，这一定义虽然不够严谨，但十分实用。

目前较为严谨的定义是，多肉植物是在体内一个或多个组织中储存可利用的水，使自身在缺乏外部供水的情况下至少保留一些生理活动的植物。这样的定义很有意思，离开了水还可以存活的植物，是不是打破了我们对植物的常规印象呢？

多肉植物为什么要储存这么多的水，以致让它们变得如此与众不同，叶子不像寻常的叶子，茎不像寻常的茎？其实，这是植物抗逆的结果，为了适应干旱的自然环境，植物改变了自身的结构，进化出了特殊的贮水组织，从而可以在体内储存大量的水。

多肉植物都像生石花那样小巧玲珑吗？它们是不是非洲独有的呢？答案都是否定的。世界上既有像生石花、肉锥那样的小型种，也有光棍树、仙人球、龙舌兰一类巨大的多肉植物。另外，虽然非洲的确拥有丰富的多肉植物资源，但实际上，多肉植物遍布世界，中国本土的多肉植物就有瓦松、滇石莲、佛甲草等。

图 2-24　光棍树（左）、仙人球（中）、龙舌兰（右）（蒋小涵　摄）

为了能在干旱贫瘠的土地上生存，多肉植物膨大了它们的叶、茎、根。它们会开花吗？它们怎样延续物种呢？以生石花为例，这种生长极其缓慢的植物，也会开花。经过 3 到 5 年的生长、蜕皮，两片叶子中间会开出花来，十分惊艳。正因为生存条件艰苦，多肉植物的繁殖能力进化得十分强大，播种、扦插、分株都可以成活。

第3章

动物

动物，通俗易懂地说是能自由运动、能主动感知外界环境刺激并做出行为反应的生物，一般以有机物作为食物。对动物的研究从微观到宏观，从生理到行为，人类穷尽自身的智慧也只能在庞大的动物世界中窥得有限的奥妙。时至今日，在地球上各个陌生的角落里，我们仍然不时地会发现和认识新的物种，而对于各种动物的研究，我们也大多停留在对外表形态的描述以及行为的研究上，真正深入的研究多集中在少数模式动物或与人类密切相关的动物上。人类本身也是动物界的一员，地球上的万千动物正与我们共同生活在地球这个美丽的家园中。

千奇百怪的动物形态

动物在进化历程中形成了各种各样的形态，对于一些外观神奇的动物，我们甚至可以用“千奇百怪”来形容它们。有些动物看起来和我们理解的“动物”相去甚远：一些动物通过自带的伪装使自己看起来像植物；一些动物为了适应生存的需要进化出极为夸张的外表；还有一些动物在日常生活中难以被人们遇到或观察到，它们的外形在我们的眼中就显得格外奇异。

动物中的“伪装大师”

有一种深红色生物伸展着艳丽的触手，看起来和珊瑚或者海葵有几分相似，它是一种名叫“海苹果”的海洋动物。事实

图3-1 海苹果（何亮 摄）

上，海苹果与珊瑚或者海葵关系甚远，与另一种我们较为熟悉的动物——海参却是近亲。海苹果伸展的触手可以用来捕食浮游生物，这些触手也会遭到一些鱼类的啄食。不过，海苹果不会任人宰割，在遭到外界强烈刺激的情况下，它们会排放出剧毒物质以自卫。由于海苹果色彩艳丽，具有很高的观赏价值，所以它们成了很受欢迎的水族宠物。需要注意的是，与鱼类混养时，可能发生海苹果排毒误伤鱼类的情况。在安徒生的著名童话《海的女儿》里，巫婆给主人公小人鱼配制的毒药配方中据说就有海苹果呢。

图 3-2 中花枝招展的生物看起来像水草，很容易被误认为是一种植物，事实上它是一种被称为“海百合”的动物。海百合属棘皮动物门，是海星、海胆、海参等棘皮动物的“远房亲戚”。海百合伸展的“茎叶”被称为“腕”，这些四处伸展的腕可以捕捉海水中的浮游生物。这种动物早在 4.8 亿年前的奥陶纪就已经出现，曾经极度繁荣，有大量化石被保存下来。精美的大型海百合化石

图 3-2　海百合

图 3-3 海百合化石（何亮 摄）

既是重要的研究材料，又是十分难得的天然艺术品。

将自己伪装成植物并非无脊椎动物的专利，一些脊椎动物也是“伪装大师”。澳大利亚海龙又称金海龙，原产于澳大利亚，是

图 3-4 澳大利亚海龙

海马的近亲。它们身上长有大量水草状的突起，使得自己看起来宛如一棵水草。更为令人称奇的是，澳大利亚海龙用于推动自身前进的鳍小而透明，很难被观察到，而身体表面那些叶片状的突起在运动时是不动的。如此一来，即使海龙在按照自己的意愿前进，在别的生物眼中，它身体的每个部分都没有做独立的运动，看上去就像一棵静静漂浮着的水草。

动物中的“造型达人”

抹香鲸体长可达 20 米，体重可达 50 吨，是生活在海洋中的庞然大物。它拥有一个极为庞大的脑袋，占体长的四分之一到三分之一，几乎是一辆小轿车的长度。那么，如此巨大的脑袋究竟有何玄妙之处呢？抹香鲸头骨占据的头部空间很小，头骨前部下凹，以至于其头部前方几乎没有头骨支撑；因此，如此巨大的头部显然不是用来容纳大脑的。其实抹香鲸头部多数部位都被脂肪所填充，脂肪的质量可达数吨之多。研究表明，这些脂肪可以调

图 3-5　抹香鲸

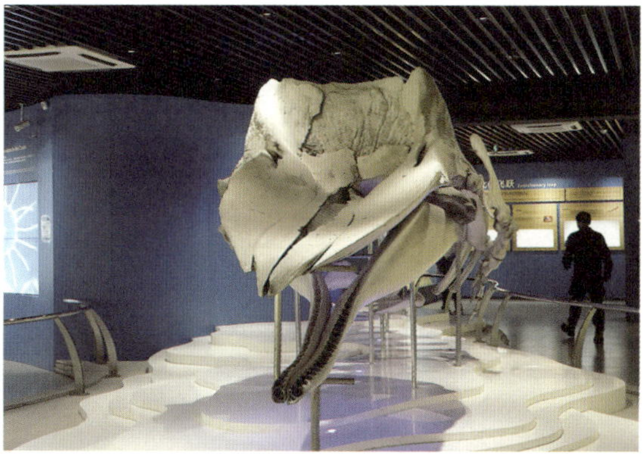

图 3-6 抹香鲸骨架（头部）（何亮 摄）

节抹香鲸头部的浮力，起到类似鱼鳔的作用（抹香鲸是哺乳动物，没有鱼鳔）。另外，抹香鲸利用回声定位来捕食深海的乌贼、章鱼等食物，厚厚的脂肪可以帮助其调整和接收返回的回声信号。可见，奇特的大脑袋对于抹香鲸的生存至关重要。

巨嘴鸟主要生活于南美洲热带雨林地区，它们奇特的大嘴（喙）几乎占据了体长的三分之一，与身体其他部位极不协调。如

图 3-7 巨嘴鸟（何亮 摄）

此可爱的造型使巨嘴鸟受到了人们的喜爱，或许有人会问：巨嘴鸟的大嘴究竟是做什么用的呢？巨嘴鸟主要取食林中的各类植物果实。由于林间环境复杂，要想吃到树上的果实，它即便站在树枝上，也必须拨开层层枝叶才能把稍远处的食物吃进嘴里，而一张长而巨大的嘴巴能够很好地胜任这种工作。尽管巨嘴鸟的嘴巴非常巨大，但里面几乎是空心的，仅靠一些网状结构在内部起到支撑的作用，所以这张大嘴非常的轻巧，并不会妨碍它的飞行。

说起大象，我们眼中浮现的形象永远是长长的鼻子和象牙，巨大的耳朵和魁梧的身躯。可是，如果说有一类大象的下巴几乎和鼻子一样长，你会相信吗？铲齿象是一类已经灭绝的象类，它们的下颚和下门齿向前方伸长到了相当夸张的程度，看起来十分怪异。进食时，铲齿象会用自己的下门齿切断或铲起植物，然后用象鼻把食物送进嘴里。早期研究者认为铲齿象拥有一个侧扁的象鼻，但是最近的研究则倾向于认为铲齿象的象鼻和现代大象相似，即也是圆管状的。

图 3-8　铲齿象复原图

图 3-9 铲齿象化石（何亮 摄）

形形色色的昆虫

昆虫纲是动物界中种类数目最为庞大的纲，其数量超越所有其他动物种类之和。形形色色的昆虫就生活在我们身边，与我们共享这个多姿多彩的星球。

昆虫的身体分为头、胸、腹三个部分。头部是感觉中心，着生有复眼、单眼和触角等感觉器官。复眼由众多小眼组成，是昆虫主要的视觉器官；单眼结构简单，只能感受光线强弱；触角主要用来感受触觉和嗅觉信息。胸部是运动中心，一般着生有三对足，两对翅。腹部一般呈筒状或袋状，容纳主要的内脏器官。

昆虫种类繁多，在昆虫纲下又划分出了众多被称为“目”的小单元，这些小单元的重要划分依据之一是翅膀的质地。比如蝴蝶和蛾子的翅膀上覆盖着鳞片，所以它们被划分到了鳞翅目；苍蝇和蚊子只有一对翅膀用于飞翔，另一对翅膀进化成了平衡棒，所以它们被归入了双翅目。少数目以包含的昆虫名字来命名，比如蜉蝣目、蜻蜓目、螳螂目。

鳞翅目

蝴蝶是重要的传粉昆虫，在分类学上，蝴蝶属于鳞翅目，其特点是翅膀被鳞片所覆盖。

蝴蝶翅膀上的鳞片具有很多特殊的功能：首先，鳞片具有各种色彩，不同的排列方式产生了各种奇特的花纹；其次，蝴蝶或者蛾子在飞行中如果被蜘蛛网粘住，鳞片会自动脱落下来，如此一来，翅膀就能挣脱蛛网，快速脱离险境。

鳞翅目成虫的口器是虹吸式口器，这种口器在不使用的时候可以像发条一样卷起来，使用时可以伸直，非常适合吸食花蜜。

盛夏时节，蝴蝶经常聚集在小水坑或者湿泥坑边饮水。这并非是因为蝴蝶口渴，而是因为它们需要提取水中的矿物盐分用于产卵。有时候，潮湿的运动鞋或者用过的毛巾也会成为蝴蝶采集盐分的场所。

图 3-10　蝴蝶饮水（何亮　摄）

蛾类是鳞翅目的另一大类昆虫，通常只在夜间活动，而且在休息的时候翅膀不能直立在身体背面，这是它们与蝶类最为明显的区别。不少蛾类和蝶类翅膀背面具有形似眼睛的眼斑，这些眼斑与翅膀上的其他花纹组合起来，有的像猫头鹰，有的像蛇，可以有效地恐吓捕食者，尤其是各种鸟类。

图 3-11 蛾类翅膀背面的眼斑（何亮 摄）

图 3-12 长喙天蛾（何亮 摄）

少数蛾类也可能会在白天活动，例如长喙天蛾就经常在天气晴朗的时候出没在花丛中觅食。长喙天蛾飞行技艺极为高超，可以悬飞在花朵上吸食花蜜。

蝶类和蛾类的幼虫就是我们常说的“毛毛虫”。图 3-13 中这只凤蝶幼虫头上的“大眼睛”并不是真正的眼睛，它的功能是把整个幼虫伪装成蛇的头部，从而恐吓自己的天敌。

鳞翅目的幼虫在进化的过程中也出现了各种奇怪的类型，比如图 3-14 中的刺蛾幼虫几乎完全是扁平的，它的身上密布毒刺，虽然看起来颜色艳丽，很招人喜欢，但是千万不要用手去触碰！

图 3-13　凤蝶幼虫（何亮　摄）

图 3-14　刺蛾幼虫（何亮　摄）

鞘翅目

鞘翅目，也就是我们常说的甲虫。它们是昆虫纲中种类最多的类群。甲虫的身体表面极为坚硬，它们的前翅完全角质化，已经失去了飞行功能，主要覆盖在后翅上起到保护作用，故而它们的前翅被称为鞘翅，而甲虫也被归入鞘翅目。

天牛拥有超长的触角，其长度甚至超过身体其他部分的长度之和。天牛的幼虫在树木的枝干内部钻洞取食，会造成木材质量下降，是最常见的林业害虫之一。

图 3-15　天牛（何亮　摄）

叶甲是生活在叶片上的一类小型甲虫。由于叶甲喜欢取食各种植物的叶片，所以它们中的不少种类属于农业害虫；但是也有一些叶甲食性较为单一，仅取食一种或少数几种植物，如果这些被取食的植物碰巧是难以防治的杂草，那么这种叶甲就可以用于杂草防治，这对于减少除草剂的使用很有帮助。

图 3-16　叶甲（何亮　摄）

隐翅虫是一类非常常见的甲虫，然而它们完全颠覆了我们心目中甲虫“圆滚滚”的形象：多数隐翅虫体形细长，腹部外露在鞘翅后方。由于多数隐翅虫体形较小（芝麻粒大小），很难引起我们的注意，所以偶尔看见也往往将其误认成蚂蚁或者其他昆虫。

隐翅虫体内含有毒素，一旦体壁破裂毒素就会释放出来，沾在人体皮肤上即会引发疱疹。不过，它们并不主动侵袭人类，很多隐翅虫伤人事件都是因为患者拍打落在身上的隐翅虫引起的。所以，当隐翅虫落在身上时，切勿用手拍打，只需用嘴吹开就好了。

图 3-17　隐翅虫（何亮　摄）

芫菁，俗称“斑蝥”。很多芫菁的鞘翅上具有漂亮的花纹。芫菁体内具有斑蝥毒素，受到刺激即分泌出来，如果触及人体皮肤会引发红肿和水泡。但芫菁本身是重要的中药材，在东西方历史上都有使用芫菁医治疾病的记载。

金龟子也是鞘翅目的重要成员。广义上的金龟子种类众多，我们熟悉的屎壳郎（粪金龟科）、独角仙（犀金龟科）等都是鞘翅目下金龟总科的成员。

图 3-18　芫菁（何亮　摄）

图 3-19　金龟子（何亮　摄）

半翅目

半翅目的成员又被称为蝽，也就是我们常说的“臭大姐”，它们的背部具有独特的臭腺，在感受到威胁时会释放出难闻的气体以自我防卫。它们的另一个共同特征是，身体的第一对翅膀一半角质化一半膜质，这就是“半翅目”名称的由来。多数半翅目昆虫在陆地上生活，但也有部分水生，例如在水流缓慢的小水坑中我们经常可以看见的水黾。

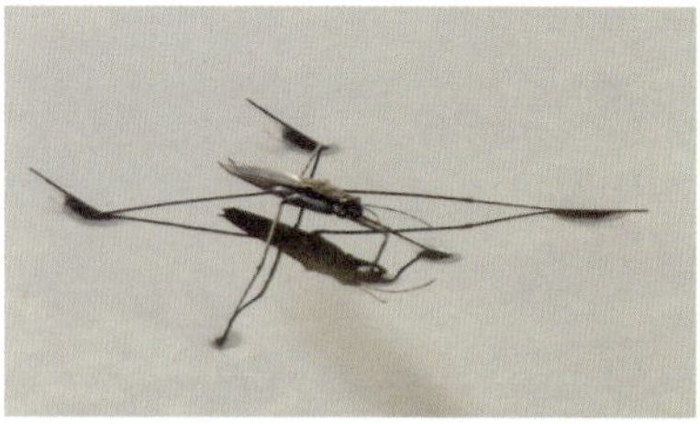

图 3-20　水黾（何亮　摄）

一些蝽类有保护自己卵的行为。例如图 3-21 中的这只蝽正紧紧贴护在自己的卵上，如果有需要，它还会通过扇动翅膀调节卵的温度；如果受到惊吓，它非但不会逃走，还会紧紧贴伏在自己的卵上进行保护。负子蝽的雄虫甚至将卵背在身上一同行动，直到它们完成孵化。

有些种类的蝽的若虫习性也很特殊，它们孵化出来后不会马上离开卵壳，而是会聚集在卵壳边度过一段时间再离开。

图 3-21　守护卵的蝽（何亮　摄）

图 3-22　聚集在卵壳附近的蝽的若虫（何亮　摄）

䗛目

䗛目包括我们所熟知的竹节虫和叶䗛。

常见的竹节虫体形细长，其中的一些大型种类是最长的现生昆虫。竹节虫具有强大的再生能力，若虫的足脱落后可以再生，这一现象吸引了不少学者对其进行研究，希望其中的机理可以应用在人体器官再生上。

竹节虫的形态变化多样，雌性和雄性形态差异也较大。对于昆虫而言，很多情况下成熟个体中的雌性比雄性大很多，这与繁殖后代的需求密切相关。因为多数昆虫不会哺育自己的后代，这种情况下产卵量越大，后代延续下来的概率就越高。显然体形较大的雌性能产的卵更多，而雄性往往在交配后就完成了使命，其体形大小对于交配能力的影响相对不大，所以造成雌性体形大于雄性的现象。

图 3–23　竹节虫（何亮　摄）

但是也有一些昆虫雄性的体形明显大于雌性，比如，鞘翅目的锹甲和犀金龟类昆虫，它们的成熟雄性个体一般比雌性更大更粗壮，而且雄性一般具有发达的上颚或犄角，这与种内雄性个体利用体形优势争夺配偶的行为关系密切。

蜻蜓目

蜻蜓目昆虫包括蜻蜓和豆娘。蜻蜓的体形较大，而豆娘则要轻盈很多。除了体形外，二者还有很多不同，例如：一般来说，蜻蜓的一对复眼相互靠近，几乎挤在一起，而豆娘的复眼相互之间距离很远；蜻蜓在休息的时候不能把翅膀直立在背后，豆娘则可以。

蜻蜓的幼年，也就是稚虫阶段，是在水中度过的。虽然蜻蜓的成虫因捕食各种害虫而被列入“益虫”之列，蜻蜓的稚虫却因为捕食水中的小型动物，会危害鱼苗而成为水产养殖中的害虫。

蜻蜓目昆虫的历史相当久远，石炭纪和二叠纪地层中出土的

图 3-24　蜻蜓（何亮　摄）

图 3-25　豆娘（何亮　摄）

化石表明，当时的蜻蜓翅展可达一米，远超现生蜻蜓。这些巨型蜻蜓的出现很可能与当时大气中较高的氧气含量有关。昆虫的呼吸系统与脊椎动物不同，昆虫呼吸通过气管完成，在氧气浓度一定的情况下，气管系统能有效维持的虫体大小是有上限的，体积如果过大，氧气就不能及时扩散到身体各个部位，因而高浓度的氧气环境有利于昆虫体形向大型化发展。

直翅目

直翅目的成员包括蚂蚱、螽斯、蟋蟀、蝼蛄等。直翅目得名于其平直的翅脉（昆虫翅膀上的脉络），大部分成员拥有发达的后足，在遇到危险时可以通过弹跳或者弹跳与飞行协同进行的方式快速转移自己的位置，迅速脱离险境。

蝼蛄是直翅目中较为另类的成员。蝼蛄的前足非常适合挖土，而它们本身也是穴居动物。蝼蛄的巢穴形状非常特殊，能够辅助蝼蛄发出的声音向远处传播，这对于蝼蛄吸引配偶非常重要。

图 3-26　蚂蚱（何亮　摄）

图 3-27　螽斯（何亮　摄）

同翅目

同翅目得名于其前后翅较为相似的形状，其成员包括蚜虫、蝉、蚧壳虫、角蝉、蜡蝉、飞虱、木虱等。传统意义上的同翅目现已被并入半翅目，作为其一个亚目。

图 3-29 中这只“造型”有些科幻的昆虫是斑衣蜡蝉的末龄幼虫，在华北地区较为常见。在完成最后一次蜕皮之后，它们才会拥有两对可以用来飞翔的翅膀。斑衣蜡蝉的成虫和幼虫都擅长跳跃，在遇到惊扰时会迅速弹跳逃离。

图 3-28　正在羽化的蝉（何亮　摄）

图 3-29　斑衣蜡蝉的末龄幼虫（何亮　摄）

蚜虫是同翅目的重要成员，也是一类农业害虫。蚜虫可以在体内孵化自己的卵，待小蚜虫发育到一定阶段时直接将其产出体外，这种繁育方式和哺乳动物的胎生非常类似。雌性蚜虫可以不依靠雄虫单独繁育后代，这种现象被称为孤雌生殖。在环境条件较理想的春夏季节，蚜虫多数为卵胎生，且没有翅膀，而一定环境下蚜虫中也会出现有翅蚜迁飞和交配，进行有性生殖。

图3-30 蚜虫（何亮 摄）

膜翅目

膜翅目的成员包括蜜蜂和蚂蚁，它们中的很多成员都是社会性昆虫，例如蜂巢中有蜂王、雄蜂和工蜂，大家分工明确，共享一个蜂巢。图3-31展示了飞行中的蜜蜂，注意其后足上的小球，那是它携带的花粉；图3-32展示的则是被剖开的胡蜂巢内部。

图3-31 飞行中的蜜蜂（何亮 摄）

图3-32 胡蜂巢内部（何亮 摄）

双翅目

蚊、蝇和虻都是双翅目的昆虫，它们的共同点是有一对翅膀演化成了平衡棒，用于在飞行中保持平衡。尽管双翅目昆虫只有一对翅膀，它们的飞行技艺却非常高超。蚊、蝇是令人厌烦的卫生害虫，但是食蚜蝇、食虫虻等又是重要的天敌昆虫，在农业害虫防治中发挥着不可替代的作用。

图 3-33　蚊（何亮　摄）

图 3-34　蝇（何亮　摄）

图 3-35　虻

昆虫的远房亲戚

在我们的生活中，时常会遇到一些被笼统地称为“虫”的小动物，它们看起来与昆虫有几分相似，却又有着明显的不同。这些所谓的“虫”多数是动物界节肢动物门的成员。它们的典型特征是身体由一节一节的体节构成，并且两侧对称。这一类动物包括蜘蛛、蜈蚣、虾、蟹、三叶虫等现生或已灭绝的动物类群。

蛛形纲

各类蜘蛛和蝎、蜱、螨等动物构成了节肢动物门的蛛形纲。蜘蛛具有四对足，而昆虫只有三对足，仅凭这点就可以很容易地把二者区分开来。一般而言，蜘蛛有八只眼睛，但是这些眼睛都是单眼，只能用于感受光线强弱，故而多数蜘蛛虽然眼睛多，但

图 3-36　蜘蛛（何亮　摄）

视力很差。大部分结网蜘蛛感受猎物存在的方式主要依靠猎物触碰蛛网后传递而来的震动，并且依靠震动快速识别落入蛛网的猎物位置。少数蜘蛛不用蛛丝结网，例如跳蛛，它们四处游走捕捉昆虫作为食物，视力相对其他蜘蛛要发达得多。

蜘蛛结网的丝由腹部末端的纺绩器产生，而不是“用嘴吐出来的”，其强度超过同等粗细的普通钢丝。目前，如何大规模生产和利用蛛丝成了热门的研究课题，已有研究将蛛丝基因导入家蚕体内，试图用家蚕代替蜘蛛大规模生产蛛丝。

唇足纲

图 3-37 是一种大型蚰蜒，其体长接近 10 厘米。蚰蜒和蜈蚣都属于唇足纲，它们的第一对足进化出了毒腺，用于猎食昆虫或其他小型动物。

蚰蜒的头部具有类似昆虫复眼的结构，这是由众多单眼结合

图 3-37 蚰蜒（何亮 摄）

形成的伪复眼。蚰蜒移动迅速，被天敌追捕时被捉住的足很容易脱落，以便身体及时逃脱。蚰蜒捕食各种小型昆虫，对于农业而言是有益的，但同时蚰蜒具有毒性，人体与之接触可能引发疱疹。

重足纲

马陆俗称千足虫，它们是重足纲的成员。重足纲的典型特征是身体的多数体节着生有两对足。

马陆栖息在地表土块或土层中，喜欢阴暗潮湿的环境，以各种枯落物为食，是生态系统中重要的分解者。在受到刺激的情况下马陆会蜷缩起来静止不动，这种“假死”行为可以蒙骗一些天敌；此外，马陆也可以分泌具有刺激性气味的液体用来自我防卫。

在非洲的马达加斯加岛，当地的狐猴会把大型马陆捉住，放在身体上不停揉搓，受到刺激的马陆会分泌出一些分泌物，而这些分泌物恰好可以帮助狐猴驱赶身边的蚊虫；然而一旦“过量使用”，马陆的分泌物就会使狐猴产生幻觉，让狐猴东倒西歪。

图 3-38　马陆

甲壳纲

虾类和蟹类同属甲壳纲，它们坚硬的身体外壳和昆虫一样，主要由几丁质构成。虾类的身体前部若干节合并，形成了坚硬的头胸部，身体后部的体节构成腹部。对于蟹类而言，它们的腹部已经极度退化，折叠在头胸部下方形成我们所说的蟹脐。甲壳纲的绝大部分种类水生，但也有例外，比如我们生活中常见的鼠妇，它们已经完全适应了陆地生活。

图 3-39 虾（何亮 摄）

图 3-40 蟹（何亮 摄）

三叶虫纲

三叶虫是一类已经灭绝的节肢动物，它们属于三叶虫纲。三叶虫的身体纵向分为明显的三个叶，这是它们名称的由来。三叶虫最早出现于寒武纪，在寒武纪晚期达到鼎盛，于二叠纪灭绝。它们演化出了大量分支，其中大多栖息于海底，也有部分种类游泳或漂浮生活。在最早的恐龙出现之前，三叶虫就已经灭绝，至于其灭绝的原因，目前推测可能与早期鱼类的出现和捕食有关。

图 3-41 三叶虫化石（何亮 摄）

称霸陆海空——中生代的爬行动物

在地球历史上，距今 2.51 亿年前至 6600 万年前的一段时期被称为中生代，它包括三叠纪、侏罗纪和白垩纪三个纪，在这段漫长的岁月中，爬行动物在全球动物种类和数量上占据着绝对优势。或许你会问：中生代称霸地球的动物不应该是恐龙吗？其实，严格意义上的恐龙要排除部分我们熟知的古爬行动物，比如翼龙、蛇颈龙、沧龙等。在中生代，包括恐龙在内的爬行动物组成了波澜壮阔的生命画卷，留给今天的人们无限遐想。

统治陆地

爬行动物早在中生代之前就已经出现，并在二叠纪末期的生物大灭绝事件后迅速辐射演化。中生代时期，爬行类横行于陆地，直到白垩纪末期的生物大灭绝事件，恐龙和其他大量爬行动物迅速灭绝消失，哺乳类才开始快速崛起。陆生恐龙种类繁多，在此简要介绍一些较为著名的种类。

提到体形巨大的恐龙，我们很容易想到梁龙、迷惑龙、腕龙等四足行走的恐龙。这些头小、颈部和尾巴细长，身体如同酒桶一般的大型恐龙属于蜥脚下目。蜥脚下目恐龙中身长最长的超过30米，是目前已知地球上存在过的最大陆生脊椎动物，比如巨型汝阳龙。蜥脚下目恐龙均为植食性恐龙：细长的脖颈可以帮助它

图 3-42　北京自然博物馆外临时陈列的巨型汝阳龙化石 1：1 复原品（局部）（何亮　摄）

们取食到高处树冠上的植物叶片；尾巴可以平衡身体前后的重量，同时数米长的巨大尾巴挥动起来可以作为驱赶捕食者的武器；庞大的体躯也可以很好地震慑捕食者。相对于巨大的身体，这些恐龙的头部都很小，脑容量小，所以有学者推测这类恐龙的智力相对较低，而且反应迟钝。

角龙类是一类活跃于白垩纪的大型植食性恐龙，包括三角龙、戟龙、厚鼻龙、原角龙等。相对于蜥脚下目的恐龙，角龙类体形稍小，但最长也可达 10 米左右。角龙类最为迷人的特点在于其硕大而又多样的头部：头长可以占据体长的四分之一到三分之一；头部后缘延伸形成巨大的盾状结构，可以保护颈部要害免遭捕食者攻击，有些种类还在盾状结构边缘延伸出锋利的角刺；面部则向前方延伸出锋利的角状结构，用于自卫。根据角龙类的足迹痕迹化石推测，角龙一般是群居的，可以想象，对于捕食者而言，想要从一群“全副武装”的角龙那里捞着便宜绝非易事。

剑龙是一类体形巨大的食草恐龙。成年剑龙体长可达 7 至 9 米，体重可达 2 至 4 吨。剑龙最为醒目的特征在于它们的背部排布了两列不对称的巨大骨板。由于早期出土的剑龙化石背部骨板排列

图 3-43　三角龙化石（何亮　摄）

图 3-44　三角龙 3D 渲染图

已被打乱，关于这些巨大骨板的排列方式引发过一系列争议。曾经有学者认为，这些骨板是平铺在剑龙背部起到防御作用的，形似屋脊，或是左右对称排列在剑龙背部；随着越来越多化石的发现，人们逐渐倾向于认为这些巨大骨板是竖立在剑龙背部的，而且是不对称排列的。关于这些巨大骨板的功能，有人推测它们可以用来调节体温，或者可以作为求偶时炫耀的“资本”，又或者是在面对捕食者时可以显得自身更加高大，起到震慑作用。剑龙的尾部生有用于自卫的锋利尾刺，可以帮助剑龙利用尾部摆动更有效地打击来袭的捕食者；部分出土的剑龙尾刺化石上还保留有打斗过程中留下的痕迹。

图 3-45　剑龙 3D 渲染图

甲龙的拉丁文原意是“坚固的蜥蜴”，它们的身体背部遍布硬甲（硬化的皮肤），可以对身体背部的要害起到极好的防护作用；此外，甲龙尾部末端具有一个骨化的大锤，可以通过尾部的摆动撞击来袭的捕食者。目前推测甲龙的最大体长可达 6 米。甲龙出现在白垩纪晚期，是较晚出现的恐龙种类，它们的近亲——结节龙科的恐龙外形与之相似，但是没有甲龙尾部的“大锤”，例如我国出土的洛阳中原龙。

图 3-46 甲龙复原图

霸王龙是在白垩纪晚期生活的最后的恐龙种类之一，体长可达 12 米，体重有 10 余吨。成年霸王龙体形硕大，仅头部长度就可达到 1.5 米，强壮的后肢支撑身体并提供奔跑的强大动力，前肢却十分瘦小，长度与粗壮程度仅与成年人手臂差不多，研究推

图 3-47 霸王龙化石（何亮 摄）

测这对弱小的前肢并不能参与捕食，而是用于辅助平衡身体，或者帮助霸王龙完成从趴卧到站立的动作。由于年代久远而且化石数量有限，关于这种史前巨兽仍然存在不少的争议，比如有观点认为霸王龙体表可能覆盖有原始的羽毛，如果这被证明属实，那么一直以来我们心目中霸王龙的“大蜥蜴”形象就要被彻底改写了。

图 3-48　霸王龙 3D 渲染图

棘龙生活在白垩纪，是一种大型的食肉恐龙。棘龙最为明显的特征是其背部巨大的帆状结构，这一奇特的构造可能用于调节体温、吸引异性，或是用来震慑竞争对手。棘龙头部狭长，窄长的嘴巴密布锋利的牙齿，可以牢牢咬住猎物，尤其是湿滑的鱼类。棘龙中最为著名的是埃及棘龙，化石证据表明其体长可达 15 米，超过了霸王龙的体长。对于棘龙的食性，有人认为它们主要捕食鱼类，也有人认为它们没有特定的捕食对象，或是以腐肉为食。

对于肉食性恐龙来说，巨大的体形可以帮助它们制服体形庞

图 3-49 棘龙 3D 渲染图

大的猎物，然而并非所有成功的捕猎者都是庞然大物，小体形肉食恐龙同样让人感到恐怖。迅猛龙生活在白垩纪晚期，体长仅 2 米左右，在恐龙当中算是不起眼的小个子。迅猛龙化石表明它们是轻巧的捕食者，可以快速奔跑追赶猎物；脑容量大，使得它们可以灵活应对复杂的捕猎行动；前肢和后肢都具有极为锋利的爪尖，尤其是后肢的爪子上各有一个大型镰刀爪，可以轻松撕开猎物的皮肉。有观点认为迅猛龙是过群居生活的，像狼群一样捕食体积远大于自身的猎物。然而，由于目前尚未发现有关迅猛龙成群捕食的化石或痕迹，这一观点还缺乏有力的证据支持。

图 3-50　迅猛龙围捕大型恐龙的 3D 渲染图

称霸海洋

中生代时代的世界，爬行动物不仅统治了陆地，很多还适应了海洋生存环境，由陆地向海洋进军，逐渐成了广阔大海中的霸主。其中具有代表性的有鱼龙、蛇颈龙、上龙、沧龙等。和今天的鲸类一样，尽管这些动物已经完全适应了大海中的生活，但它们依然保留着用肺呼吸的方式，而它们用来游泳的“鳍”，则是由四肢和尾巴演化而来的。

图 3-51 中的动物，乍一看像是我们所熟悉的海豚，但细看又和海豚有所不同。它们像海豚一样没有用于水下呼吸的鳃，却又拥有鱼类一样垂直的尾鳍。事实上，这是一群鱼龙。鱼龙是一类已经灭绝的海栖爬行动物，它们最早出现于 2.5 亿年前，在约 9000 万年前灭绝。目前已有的化石资料表明，鱼龙拥有狭长的嘴

巴和锋利的牙齿，主要以海洋中的乌贼和鱼类为食；它们的眼睛硕大，能够在深海阴暗的环境中捕食；此外也有化石证据表明鱼龙是卵胎生的，而不像多数爬行类一样产卵。在中生代的早期和中期，它们是海洋中的顶级捕食者，然而到了白垩纪，鱼龙的种

图 3-51　鱼龙 3D 渲染图

图 3-52　鱼龙化石（何亮　摄）

类迅速减少，其地位被蛇颈龙所取代。值得一提的是，早期研究者一直认为鱼龙没有背鳍，直到1890年，一具背部保留着背鳍痕迹的鱼龙化石被发现，人们才意识到鱼龙其实拥有一个肉质的背鳍，只不过它的内部是没有骨骼支撑的。

蛇颈龙体形硕大，宛如一条长蛇从硕大的龟壳中伸出，体长可达11至15米。其细长如蛇的脖颈成为“蛇颈龙”这一名称的由来。蛇颈龙最早出现于三叠纪晚期，到侏罗纪分布于全球各地，白垩纪末期灭绝。它们和鱼龙一起统治着中生代的海洋。另外，和鱼龙一样，蛇颈龙通过卵胎生繁殖后代。有趣的是，现今人们津津乐道的尼斯湖水怪，有人认为就是蛇颈龙遗留下来并幸存至今的后代，不过这仅仅是推测而已。

图3-53　蛇颈龙3D渲染图

提到蛇颈龙，就不得不提到另一种海栖的大型爬行类：上龙。上龙由蛇颈龙进化而来，也被认为是蛇颈龙的一个分支，然而二者的长相却像颠倒了一下：蛇颈龙拥有小巧的头颅、修长的颈部和短小的尾巴；而上龙正好相反，头大，颈短，尾巴细长。

继上龙之后，沧龙又称霸了白垩纪晚期的海洋。沧龙起源于古海岸蜥（生存于距今9500万年），在仅仅数百万年的

图 3–54 上龙复原图

图 3–55 沧龙复原图

时间里，就从长度仅1米的蜥蜴进化成为中生代海洋中体形最大的顶级捕食者（最长可超过20米）。沧龙与上龙类外表相似，但又有明显的不同：上龙具有光滑的体表，而沧龙体表覆盖着鳞片；上龙的牙齿呈现弯刀形，沧龙的牙齿为锥形；沧龙的尾部要比上龙发达得多。此外，二者隶属于不同的类群，上龙隶属于蛇颈龙目，该目已经完全灭绝；沧龙则属于有鳞目，此目中不少成员幸存到了今天。

图 3-56　沧龙头部化石（何亮　摄）

飞向蓝天

在中生代，爬行类动物除了征服了陆地和大海，也飞向了蓝天。中生代爬行类动物在空中活动的方式主要分为两种：一种是短距离、短时间的无动力滑翔（类似今天的飞蜥和鼯鼠），比如依卡洛蜥、沙洛夫龙等；另一种则是真正的长时间飞行（类似今天

图 3-57　现代飞蜥能利用肋骨延伸形成的翼状结构滑行

的鸟类），比如我们所熟知的翼龙类。

依卡洛蜥出现于三叠纪晚期。它们的肋骨向身体外侧延伸，支撑起用于滑行的翼膜结构，化石表明它们体长为10厘米左右；尽管现代的飞蜥与依卡洛蜥拥有相似的翼膜结构，然而前者并非后者的后代。沙洛夫龙生存于三叠纪中期到晚期之间，它们利用跳跃的方式进行滑行，其前肢可以用来捕捉猎物。化石表明它们的后肢上生有翼膜结构，这与翼龙类着生在前肢上的翼膜结构相似，但是位置不同，有学者认为沙洛夫龙可能是翼龙类的祖先。

翼龙类是最早实现真正意义上的飞行的脊椎动物。它们出现于三叠纪晚期；在中生代晚期，翼龙也曾经与早期鸟类共享蓝天，然而在白垩纪末期的大灭绝中它们并未像鸟类一样幸存下来。翼龙的“翼”由前肢和延伸出的翼膜结构形成，不同于现代鸟类的翅膀仅在飞行时使用，翼龙的前肢也可以作为身体的支撑辅助行走；部分种类的翼龙头部有夸张的冠饰结构。化石表明翼龙的体

图3-58 翼龙3D渲染图

链接

恐龙的皮肤

恐龙化石为我们提供了恐龙形态上的重要推断依据。由骨骼化石可以推断出恐龙肌肉的着生和运动情况、恐龙的脑容量大小等信息；恐龙胃部的食物残留物化石则可以告诉我们这些庞然大物生前以什么为食。然而关于恐龙的皮肤，化石留给我们的资料并不多；一些恐龙皮肤的印痕化石或痕迹化石，以及少数能够保存下来的皮肤化石为我们展示了恐龙皮肤的质感和覆盖物情况（比如光滑还是粗糙，有无羽毛、鳞片等覆盖物）。然而遗憾的是，几乎没有什么痕迹留存下恐龙皮肤的颜色，目前人们复原出来的恐龙形象，其皮肤颜色多数是参考现生爬行类动物想象而来。

表覆有绒毛，结合翼龙可能随时需要飞行的生活习性，有学者指出翼龙可能为恒温动物。不同种类的翼龙体形差异巨大，目前已知的最小种类为隐居森林翼龙，其翼展仅为 20 多厘米，而最大的翼龙（哈特兹哥翼龙）翼展可达 12 米，仅头骨长度就达到 4 米。翼龙类的食性更是多种多样，植食、肉食、杂食性的翼龙均已被发现。

奇蹄动物和偶蹄动物

在经历了中生代末期的大灭绝后，恐龙统治地球的时代逐渐远去，取而代之的是哺乳动物和鸟类繁盛的新纪元。在中生代之后的新生代出现了很多大型哺乳类动物，其中以奇蹄目和偶蹄目为代表的大型食草哺乳动物在进化的过程中体形渐趋庞大，不少种类即便与大型恐龙相比也毫不逊色。虽然奇蹄动物和偶蹄动物中的很多种类在最近几万年中逐渐走向了灭绝（比如猛犸象、雷兽、爱尔兰麋鹿等），但是仍有大量种类幸存到今天，向我们展示着生命世界的丰富多彩。

奇蹄动物（奇蹄目）

奇蹄动物的主要特征在于其腿部的中轴线从中趾穿过，由于第一趾与第五趾消失或退化，奇蹄动物前后脚一般都只有三个脚趾。在漫长的进化过程中，现代马类除中趾以外的其他脚趾均已退化，呈痕迹状。但是相对原始的类群（比如貘），仍保留着前脚四趾、后脚三趾的原始形态。大部分种类的奇蹄动物趾的末端都具有蹄。奇蹄动物的现生种类包括我们所熟知的马、驴、犀牛等众多动物。

貘是一种较为原始的奇蹄动物，它们外形独特，酷似一只长着大象鼻子的猪。貘的长鼻子可以帮助貘把食物卷起并送进嘴里，在游泳的时候又可以向上抬高以便呼吸。现生的貘科动物共五种，除马来貘生活在亚洲，其余四种都生活在美洲（山貘、中美貘、低地貘、卡波马尼貘）。生活在美洲的四种貘体色为黑色或灰色，而生活在马来西亚的马来貘除了身体后半部分为白色，其余部位包括四肢均为黑色（类似大熊猫的杂色）。貘生性胆小，它们除了要应对自身天敌的威胁，还要面对人类的无情捕杀。由于数量稀少，2008 年世界自然保护联盟将山貘、中美貘、马来貘列入濒危物种，将低地貘列为易危物种。2013 年，在巴西和哥伦比亚发现的卡波马尼貘，则是近 100 年来人类首次发现的新的奇蹄动物。

图 3-59　马来貘

犀牛是现存最大的奇蹄动物。犀牛角的构造十分奇特，并非由头部骨骼发育而来，而是由真皮层起源，其构成组分与动物毛发相似；脱落的犀牛角还可以再生。犀牛的皮肤十分坚韧，成年犀牛的皮肤宛如一层盔甲，可以抵挡几乎所有食肉动物的袭击。在中国古代，用犀牛皮制成的盔甲被称为“犀甲”，极为坚硬，而为了制作充足的犀甲武装军队，人们捕杀了大量犀牛，这在一定程度上加速了中国境内野生犀牛的绝迹。事实上在世界范围内，人类为了获得犀牛角、犀牛皮等，都对犀牛进行了大量猎杀，如今，犀牛数量已经极为稀少。目前全世界仅存五种犀牛：白犀（体长约 3 至 4 米，是犀牛中的最大现生种，分布于非洲）、苏门答腊犀牛（体长约 2 米，是现存最小的犀牛，目前分布于印度尼西亚和马来西亚）、黑犀（体长 3 至 4 米，分布于非洲）、爪哇犀（体长 2.5 至 3.5 米，目前仅分布于印度尼西亚的爪哇岛）、印度犀（体长 2 至 4 米，分布于尼泊尔和印度东北）。

图 3-60 白犀（何亮 摄）

马在人类历史长河中扮演着重要角色，在古代，无论是战争还是日常生活都离不开马。目前，家马是奇蹄目中个体数量最多的物种。家马以及非洲野驴（驯化后成为家驴）、亚洲野驴和各类斑马构成了奇蹄目马科下的马属。马属成员的四肢高度特化，仅第三趾发育且较为发达，其余四趾均退化；它们的头部没有角，在遭遇捕食者时只能通过全速奔跑逃脱，或者通过腿的踢蹬还击。

图 3-61　奔跑的马

偶蹄动物（偶蹄目）

偶蹄动物的足的第一趾完全退化，第二趾和第五趾不发达或阙如，第三趾和第四趾发达，趾的末端具有蹄，故而被称为偶蹄动物。相对于奇蹄动物，偶蹄动物的种类和数量明显更为繁盛，包括骆驼、牛、羊、鹿、猪、河马等动物。

有“沙漠之舟”美名的骆驼是偶蹄目的成员之一。骆驼的典型特征在于它们都具有驼峰（一个或者两个）。很多人认为骆驼之所以具有惊人的耐渴能力是由于驼峰中存储了大量水分，其实不然，骆驼的驼峰中储存了大量脂肪，能够在缺乏食物的情况下为骆驼的生命活动提供能量，而脂肪代谢分解产生的少量水并不能为骆驼提供充足的水分。事实上，骆驼主要通过防止水分流失来

图 3-62 双峰驼（何亮 摄）

对抗沙漠的干旱环境：不同于多数恒温动物，骆驼可以根据外界环境的变化在一定范围内调节自身体温（外界温度升高，其体温升高，反之亦然），在温度高于40℃的情况下才开始出汗，这样一来，可以减少出汗从而保存水分；骆驼的皮毛具有良好的隔热效果，也可以帮助骆驼在减少出汗的前提下耐受沙漠的干热环境；骆驼的鼻孔可以吸收肺部呼吸排出的水分，使得骆驼可以重复利用原本会因为呼吸而散失掉的水分。

鹿科动物是偶蹄动物的重要成员，包括了鹿、獐、麂等动物。鹿的体形较大，一般而言雄性头部生有分叉的角，而雌性无角。麂体形较小，口中生有獠牙（犬齿），仅雄性有角。獐同样体形较小，有獠牙，但雌、雄均无角。不同于牛、羊类动物，鹿科动物很难被驯化，截至目前，只有驯鹿被人类驯化成功。

图 3-63 梅花鹿

在中国，说到“鹿”就不得不提起麋鹿。麋鹿又称“四不像”（角像鹿，头像马，蹄像牛，尾像驴），原产于中国，距今 1 万年前至 3000 年前，麋鹿数量极为丰富，达到上亿头。然而由于人们的长

链接

爱尔兰麋鹿

爱尔兰麋鹿是曾经生活在地球上的最大的鹿。这种鹿仅鹿角的角展即可达 3.6 米，曾经分布于欧亚大陆从爱尔兰到贝加尔湖东的广大地区。遗憾的是它们在距今 7000 年前灭绝了。

期捕杀，野生麋鹿在清朝初年基本绝迹，残存的麋鹿被圈养于北京南海子的皇家猎苑中（今南海子公园）。1865 年，法国传教士买通了麋鹿苑的看守，获得了麋鹿标本并将其带至欧洲。经鉴定，这是一种欧洲学者从未发现和描述过的物种。随后的十年间，数十头麋鹿通过各种途径被运抵欧洲进行展示，同时也在欧洲被繁育起来。之后，由于 19 世纪末北京洪水泛滥和 1900 年八国联军入侵捕杀，北京的麋鹿全部死亡，也就意味着中国本土的麋鹿彻底绝迹。中华人民共和国成立后，陆续从英国引进了若干头麋鹿，并将它们饲养在北京动物园、南海子麋鹿苑等地，此外又在江苏、湖北、河南的部分地区建立了麋鹿自然保护区。截至 2020 年底，国内麋鹿数量已经达到 8000 头。

图 3-64　南海子麋鹿苑的麋鹿群（何亮　摄）

牛是牛科下的牛亚科动物的统称。牛科动物除了牛之外还包括了被我们笼统地称为羊和羚的一大类动物，以及著名的角马

（角马并不归属于马科）。被人类驯化的牛科动物包括了牛属（黄牛、牦牛）和水牛属（水牛）的成员，是皮革、肉类、奶制品的原料来源，并且仍然在部分地区为人类提供农耕所需的畜力。

图 3-65 白牦牛（何亮 摄）

图 3-66 水牛

羊是人们对于牛科下的羊亚科内部分动物的称呼（羊亚科也包含了藏羚羊、羚牛等动物）。羊是最早被人类驯化的动物之一，人类饲养的羊主要有绵羊和山羊两大类。绵羊起源于野生盘羊，性情较为迟钝、胆小；其皮毛和肉产品具有重要经济价值。山羊起源于野生山羊，约在 1 万年前被人类驯化，其性情比绵羊机敏且喜欢用角顶撞打斗。由于山羊在取食时会将植物根部一同拔起，故对草场植被的破坏远大于绵羊。

图 3-67 盘羊（何亮 摄）

羚羊是牛科动物中排除了大部分牛亚科和羊亚科成员之外的动物的统称。事实上，牛科动物中确实划分出了羚羊亚科，然而被人们称为“羚羊”的动物并不局限于羚羊亚科之内（比如还有高角羚亚科、马羚亚科等）。羚羊的外形类似山羊，有别于牛和羊的一点是，牛和羊的角是实心的，而羚羊的角是空心的。剑羚是体形最大的羚羊，它们归属于牛科下的马羚亚科剑羚属。图 3-68 展示的是著名的南非剑羚，它是纳米比亚的国兽，它们的形象甚至出现在纳米比亚的国徽上。

图 3-68 南非剑羚（何亮 摄）

河马是猪的“远房亲戚”，在分类学上它们共同隶属于偶蹄目的猪形亚目，该目的

图 3-69 争斗中的河马

典型特征之一是头上无角。河马栖息在河流、湖泊等潮湿地带；主要以水生植物为食，偶尔也会到陆地上觅食，饥饿状态下也会捕食其他动物。河马皮糙肉厚且体形巨大，体长可以超过 4 米，几乎与犀牛相当；成年河马的咬合力惊人，被激怒的河马可以轻松咬碎小型木船；几乎没有动物敢于捕食健壮的成年河马，而幼年河马也会受到成年河马的保护。目前，河马仅存普通河马和矮河马两种，野生河马均分布在非洲境内。

技艺高超的“用毒高手”

为了适应残酷的弱肉强食的自然法则，动物在进化过程中采取了各种策略来保障自身的生存，它们有些体形庞大，有些力量惊人，有些行动敏捷，等等。然而，也有不少动物虽然在体形、力量等方面看似弱小，却通过强大的毒素在自然界赢得了自己的一席之地。这些动物产生的毒液，可能是为了捕捉猎物，可能是为了求得自保，也有可能是为了攻守兼顾。下面我们来简要介绍几个动物界的“用毒高手”。

蛇，尤其是毒蛇，令人谈之色变，而眼镜蛇是蛇类的著名代表之一。眼镜蛇的“招牌动作”之一就是在受到惊扰时把头部昂起，颈部变宽，从而恐吓靠近的敌人。眼镜蛇是一种相当危险的毒蛇，它们的毒液可以对大多数动物的神经系统和循环系统产生破坏，从而使被攻击的目标中毒甚至死亡。由于包括眼镜蛇在内的很多蛇类都喜欢捕食小型啮齿类动物（比如老鼠），而这些小型啮齿类动物在人类居住地附近又极多，因此一些蛇类也会出现在民居附近，很多被蛇咬伤的事件都是因为无意间触碰毒蛇并将其激怒导致的。

除了直接咬到猎物注射毒液外，部分眼镜蛇还会通过喷射毒液的方式远距离攻击对自己有威胁的动物，其毒液如果接触眼睛，会造成暂时失明，如果接触伤口也会引起中毒。近些年，不时出现被砍下的蛇头仍咬伤人的事件，这是因为蛇类（包括但不止眼镜蛇）即使头部被砍下，部分神经反射仍然可以进行，如果被砍下的蛇头受到刺激，也会发生撕咬和注射毒液的动作。有报道称，被砍下的蛇头大约需要一小时才会逐渐失去反应的能力。

眼镜蛇的毒液虽然可怕，却也是非常昂贵的药材，具有极为显著的止痛效果。眼镜蛇毒的止痛效果强于吗啡，并且没有吗啡的成瘾性。中医利用眼镜蛇毒制作的药酒来治疗各种风湿疼痛；眼镜蛇的毒液也可以被加工制成“克痛宁”等镇痛西药。

图 3-70 眼镜蛇（何亮 摄）

蜈蚣是利用毒液捕食的动物中较为另类的一种：蜈蚣给猎物注入毒液的结构并不是自己的嘴，而是“腿”。蜈蚣的第一对足并不用于行走，而是特化成了毒爪（蜈蚣头部腹面黑色牛角状结构）。蜈蚣生活在阴暗潮湿的环境中，它们行动敏捷，捕食各种昆虫与其他小型动物。蜈蚣的毒液能够麻痹猎物，帮助蜈蚣捕食；如果人被蜈蚣蜇伤，也会引起疼痛、恶心及呕吐等症状。

图 3-71　蜈蚣身体前部腹面

芋螺又称鸡心螺，是一类在温暖海域生活的螺。芋螺的形状大致呈锥形，壳体上具有极为精致的花纹。芋螺行动缓慢，却以行动敏捷的鱼类为食，这与它们体内含有的毒素以及特殊的捕猎方式密切相关。芋螺体内的芋螺毒素可以作用于神经系统，造成猎物瘫痪；而芋螺壳较尖锐的一侧具有毒针，毒针可以被迅速射出，在击中猎物后将毒素注射到猎物体内，造成猎物痉挛和瘫痪；凭借着毒素和毒针，行动缓慢的芋螺可以轻松制服敏捷的鱼类。需要注意的是，芋螺的神经毒素也能够作用于人类，被芋螺刺伤引发的受伤和死亡事件时有发生，所以尽管芋螺很美丽，但在采集芋螺时一定要小心，谨防被芋螺刺伤。

图 3-72　芋螺

科莫多巨蜥体长可达 2 至 3 米，是现存最大的蜥蜴，分布于印度尼西亚的一些岛屿上，主要以腐肉为食，有时候也会捕食水牛等大型动物。作为冷血动物，科莫多巨蜥行动相对较慢，那么，它们是怎样捕食行动迅速的温血动物的呢？人们很早就已观察到科莫多巨蜥有奇特的捕食行为：它们在伏击一些大型猎物时会在咬伤猎物后将其放走，待猎物被咬后一段时间内因虚弱而死，追踪而来的科莫多巨蜥再将其吃掉，科莫多巨蜥追踪受伤猎物的过程可能长达数天。过去人们普遍认为，科莫多巨蜥的口腔唾液中含有大量细菌，被咬的猎物不会马上毙命，但在一段时间后会死于细菌引发的感染。然而近期的一些研究表明，科莫多巨蜥口腔中并没有特殊的致命细菌，而是具有毒腺，其毒液具有阻止血液凝固、诱导休克等作用；其口腔中还装备了大约 60 颗锯齿一般的牙齿，其牙齿可以经常替换以保持锋利。虽然科莫多巨蜥的咬合力远不及鳄鱼致命，但锯齿状的牙齿可以造成有助于毒液侵入的

图 3-73　科莫多巨蜥

可怕伤口，此种用毒方式也与毒蛇通过毒牙注射毒液的方式略有不同。被咬到的猎物会逐渐变得虚弱，丧失行动能力，最终沦为科莫多巨蜥的食物，而过去人们所认为的细菌感染并非科莫多巨蜥杀死猎物的主要原因。

图 3-74 中这只看起来非常可爱的蛙是箭毒蛙。请不要被箭毒蛙的外表所迷惑，它们是地球上毒性最强的生物之一。箭毒蛙的毒素可以阻断神经系统的正常工作，进入动物体内的毒素可以导致动物出现心脏停止跳动等症状。而即便毒素没有进入体内，动物皮肤直接接触箭毒蛙后也会出现皮疹症状。在美洲，土著居民会在狩猎用的箭头上涂抹箭毒蛙的毒液，从而极大地增强武器的杀伤力。箭毒蛙的毒素来源于它们取食的各类有毒昆虫以及蜘蛛，因此人工饲养箭毒蛙时，只要投喂的食物是无毒的，箭毒蛙也会是无毒的，尽管它们的体色依旧像野生个体一样鲜艳。

图 3-74　箭毒蛙

沙蚕是一类海边常见的环节动物，经常被人们用作鱼饵。沙蚕体内含有沙蚕毒素，但是这并不妨碍它们成

图 3-75　沙蚕

为一种优良的饵料，有些地方的人们甚至会食用沙蚕。为什么在这里要提到沙蚕呢？这和人类利用沙蚕毒素防治农业害虫有关。人们在使用沙蚕钓鱼的过程中发现，部分垂钓者会出现头痛、恶心等症状；而一些苍蝇在沙蚕尸体上爬行时会莫名其妙地死亡。经过研究，人们在沙蚕体内提取出了沙蚕毒素。随后的研究发现，这种毒素对一些害虫具有不错的毒杀效果。人们按照沙蚕毒素的化学结构合成了一系列沙蚕毒素类杀虫剂，比如“杀螟丹”“杀虫双”“杀虫单”等，对农业害虫的防治起到了很大的作用。由此可见，虽然人体自身不能产生“毒素”，人类却可以利用自然界的毒素去服务自己的生活。因此，人类也算得上是当之无愧的“用毒高手”。

海底“硬汉”软骨鱼

软骨鱼（软骨鱼纲）是指一类骨骼由软骨组成，脊椎部分骨化，但是缺乏真正骨骼的鱼类。说到软骨鱼，大家可能颇感陌生，但是如果列举它们中的几个代表，大家肯定会感觉相当熟悉，软骨鱼包括了鲨鱼、鳐鱼、魟鱼、蝠鲼等。这些鱼类除了缺乏真正的骨骼外，还有其他一些特点可以和我们身边常见的鱼类区分开来，比如它们的鳃孔一般有多对，部分种类卵胎生，多生活在海洋中，等等。

软骨鱼纲成员众多，各成员间鳃裂的位置和数量是重要的分类依据。软骨鱼中除了银鲛和鲨鱼的鳃裂位于身体两侧外，其他成员比如各种鳐、魟、鲼的鳃裂均位于身体下部。

图 3-76 银鲛

鲨鱼早在恐龙之前就已经存在于地球上，其历史长达5亿年之久。鲨鱼主要栖息在海洋中，以海洋鱼类、哺乳动物等为食，也有一些鲨鱼取食微小的浮游生物，比如体形巨大的姥鲨。不同种类的鲨鱼体形悬殊：最大的鲨鱼是鲸鲨，体长可达20米；而最小的鲨鱼——硬背侏儒鲨成年后体长仅30厘米左右。鲨鱼由于身体构造独特，其行为与其他鱼类有明显的差异：比如很多鲨鱼在一生中必须不停地游泳，它们的口腔没有抽吸海水的功能，为了保证外界海水源源不断流经鳃孔完成呼吸过程，它们必须时刻张开嘴巴并且保持游动，一旦停止游动，鳃处的水流供应就会停止，鲨鱼就可能会被“憋死”。对于这一类鲨鱼而言，即便在睡觉的时

图3-77 鲨鱼（何亮 摄）

候也必须保持游泳前进。鲨鱼体内没有鱼鳔，它们只能依靠体内储存的脂肪增大浮力，即便如此，鲨鱼的比重仍然高于海水。它们之所以能够不沉入海底，原因在于鲨鱼在游动过程中能通过鳍

链接

鲸鲨

鲸鲨是地球上现存体形最大的鱼类。鲸鲨体表分布有浅色的条带状斑纹和斑点，宛如棋盘，亦被称为“背部有星星的鱼”。庞大的鲸鲨牙齿细小，仅以浮游生物和小型鱼类、虾类为食。它们性情温和，在菲律宾等地，潜水观赏鲸鲨是很受欢迎的旅游项目。

产生升力，一旦停止游动，它们就会下沉。此外，多数鲨鱼不会倒着游泳，这也使得鲨鱼相对其他鱼类更容易被困渔网。

不同种类的鲨鱼繁殖后代的方式不尽相同。有些鲨鱼采取卵胎生的方式繁殖后代，小鲨鱼在母体内孵化后直接产出，一些鲨鱼胎儿在母鲨腹中就开始互相残杀。也有一些鲨鱼采取产卵的方式繁殖后代，这些鲨鱼卵一般个头很大，外面还有坚实的卵鞘保护，而卵鞘的形状也是各种各样。在幼鲨孵化离去后，空卵鞘可能会被海水冲到岸上，其中一些袋状的空卵鞘被戏称为“美人鱼的小钱包”。

图 3-78 各种形状的鲨鱼卵鞘

鳐是软骨鱼的另一大代表类群，包括锯鳐目、鳐形目、电鳐目等一大类软骨鱼。它们的外形千差万别，但是开口在头部下方

图 3-79 鳐

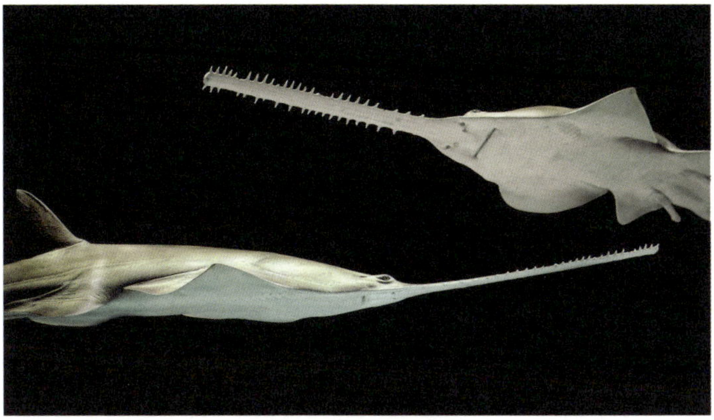

图 3-80 锯鳐

的鳃孔和具有背鳍、尾鳍是它们明显的共同点。锯鳐的头部向前极度伸长，边缘具有锋利的小齿，构成锯子一样的结构。它们可以利用头部的“锯”挖掘海底的食物，也可以通过快速挥舞头部击杀附近的鱼类作为食物。

图 3-81 魟

魟和鲼同属于鲼形目，它们外形和鳐相似，但是缺少背鳍和尾鳍，尾巴呈鞭状。鲼头部有一对向前延伸的头鳍，而魟却没有，这点可以将二者明显区分开来；此外魟生活在海底，而鲼则较少停留或栖息在海底。鲼的代表——蝠鲼有成群迁徙的习性，上千只蝠鲼会聚集在一起朝着同一方向前进，场面蔚为壮观。蝠鲼在被天敌追赶或者感染寄生虫时，会高速冲出水面试图摆脱，如同在水上短距离“跳跃”。

图 3-82　迁徙途中的蝠鲼大军

图 3-83　跃出水面的蝠鲼

睡个觉不简单——动物们怎样睡觉

睡觉是人类生活的重要组成部分，对于很多动物而言也是如此。然而，在杀机四伏的自然环境中，闭上眼睛睡一觉是件相当奢侈的事情，动物的睡眠显然不像“躺在床上，闭上眼睛”那么简单。为了生存，有的动物需要站着睡觉，有的需要左右大脑半球轮流休息睡觉，有的动物甚至需要在飞行中睡觉。本文将为大家简要介绍一些奇特的动物睡眠现象。

很多动物在睡觉的时候会给自己铺一个舒服的“窝”，然后采取躺下的姿势放松全身休息，然而也有一些动物在睡觉的时候会采取站立的姿势，比如马。与我们人类在极度疲惫的情况下“站

图 3-84　站立睡觉的马

着都能睡着”的情况不同，马站着睡着并非是由于“过度劳累”，而是因为马的祖先需要在睡眠情况下应对各种前来偷袭的捕食者。站着休息省去了站起来的时间，因此，即便在睡眠情况下，马只要觉察到周围的异动，就可以在第一时间拔腿逃跑。不过，马在感觉非常安全的情况下，也会采取卧倒或者侧躺的姿势睡眠。

鸟类的睡眠行为也相当奇特。很多人认为鸟类会在需要休息的时候回到巢穴里，舒舒服服睡上一觉，其实多数鸟类并不在巢穴里睡觉。对鸟类而言，巢穴基本就是繁育后代的场所，而并非一个供自己休息的地方。很多鸟类会选择站在树枝上睡觉，白天在地面栖息的鸟类也可能会在夜里到树上睡觉，这比在地面睡觉相对安全很多。水鸟或者涉水鸟类可能会选择在水面或者水中的小岛上休息，一旦捕食者靠近，飞溅的水声就会提醒鸟儿危险正

图 3-85　站在树枝上睡觉的鸟

在靠近。鸟类在睡眠时可能会成群聚集在一起，这样一方面可以互相取暖，另一方面也可以更及时地发现捕食者并互相提醒。

一些鸟在休息的时候会采用单脚站立的姿态，并且将头部埋入身体的羽毛中，这样可以有效减少热量的散失；此外将头部蜷缩起来也可以很好地保护头部，并且能呼吸到藏在羽毛下面被身体加热过的温暖空气。

图 3-86　在水面休息的火烈鸟

鸟类在危险的环境中睡眠可以采用两边大脑轮换休息的方式，即半边大脑休息，半边大脑保持警戒。这时候我们可能观察到鸟儿“睁一只眼，闭一只眼”（睁开左眼的时候右半侧大脑警戒，左半侧大脑睡眠，反之亦然）。有研究发现，一些长距离迁徙的鸟类甚至会在飞行中使用这种睡眠模式。

采取半边大脑休息、半边大脑工作的睡眠方式并非鸟类的专利，鲸和海豚也采取这种方式睡眠。不同于鱼类可以依靠鳃在水中“无限续航”，鲸和海豚必须浮出水面呼吸，如果在睡眠状态中不能及时浮出水面呼吸就会把自己“憋死”。因此，它们也采取了半边大脑休息、半边大脑工作的奇特睡眠方式，这样一方面可以保证呼吸的需要，另一方面也可以及时发现靠近的鲨鱼、虎鲸等天敌。

图 3-87　在海面呼吸的鲸

青条花蜂因为其特殊的睡眠方式而“出名”。大多数筑巢的蜂类会在休息的时候回到蜂巢，在炎热的夏季会有部分蜂在巢穴外休息以避免巢穴内温度过高。然而青条花蜂却会在傍晚的时候集体飞出巢穴，在巢穴外的植物上休息。图 3-88 中，这只青条花蜂紧紧咬住枝条，似乎要把这根枝条啃断。其实，这只青条花蜂已经睡着，为了防止从上面摔下来，它用上颚紧紧咬住可以栖身的枝条。采用这种奇特方式休息的蜂类还有很多，比如某些泥蜂。

图 3-88　正在休息的青条花蜂

图 3-89　休息中的泥蜂

第4章

微生物

在这个色彩斑斓的地球上，除了动物和植物，你是否了解另外一大类与我们的生活息息相关的生命体——微生物？我们的祖先早在认识它们之前就已经学会了利用它们进行生产活动，同时它们中的“邪恶分子”也一直威胁着人类和其他动物、植物的健康。直到显微镜的发明，人类才逐渐进入这个新奇的小生命的世界。在这一章中，我们将带着这样几个问题上路：微观世界是什么样的？细菌和古菌是一回事吗？病毒也算是生物吗？微生物是怎样繁殖的？益生元和益生菌的含义相同吗？排泄物真的只是垃圾吗？相信阅读过这一章的你，一定会对微生物的世界产生不一样的认识。

神秘奇幻的微观星球

从宇宙飞船中眺望地球，地球如同大海一样呈蔚蓝色，这个神奇的球体孕育着无数巨大或微小的生命。

在生命世界中，各种生物的体形大小相差极大，植物中的红杉高达 350 英尺（1 英尺约合 0.3 米），动物中的蓝鲸长达 33 米，而目前已知最小的生物是病毒，如细小病毒的直径只有 20 纳米。虽然我们平时能看到的都是动植物，但这些宏观生物只占据了地球上生物种类和数量的很少一部分。地球上种类最多、数量最大的，还是那些肉眼所看不见的，手摸不着的生物，我们把这些生物统称为微生物。微生物无所不在，遍布于自然界、动植物中，包括人体。科学家曾在南极一个冰湖中发现了至少存在了 2800 年的藻类和细菌，并成功地使这些冰冻千年的微生物“苏醒”。

图 4-1　从宇宙飞船中眺望地球

从人类出现以来，人类就开始了认识动植物的旅程。但是对数量庞大、分布广泛并始终包围在人体内外的微生物却长期缺乏了解，这主要是由于：微生物的个体微小，普遍小于 0.1 毫米，而人的眼睛一般无法看清小于1毫米的物体，因此，在很长一段时期内，人们都无法发现或辨认它们；我们虽然看不见微生物的个体（细胞），但是可以看见无数个由个体构成的群体（菌落或菌苔），然而这些群体的外形往往平平无奇，极易被人们忽略；在自然条件下，微生物都是杂居混生在一起的，因此在分离、培养纯种微生物的技术被发明之前，人们无法了解、认识各种微生物；因果难联，微生物具有生长繁殖速度快和代谢活力强等特点，当处于病原微生物感染早期时，人体或动植物体一般并不会有足够的警觉，而在事态越来越严重之际，对于一些不了解微生物学知识的人来说，也不会真正理解这是微生物生命活动的结果。

微生物的个体很小，小到只能用光学显微镜把它们放大几百倍或几千倍，乃至用电子显微镜放大数万倍才能看清。它们的结构都很简单，大多是单细胞的，即一个细胞就是一个独立的生命个体；有的连一个细胞都不是，但它也是一个生命体（如病毒）。目前已知的微生物包括属于原核类的细菌、放线菌、支原体、立克次氏体、衣原体和蓝细菌，属于真核类的真菌（酵母菌和霉菌）、原生动物和显微藻类，以及属于非细胞类的病毒、类病毒和朊病毒等。可别小看这些不起眼的小生命体，毫不夸张地说，地球上的真正主人不是其他动物，植物，也不是人类，而是它们！从起源上看，地球上的生命体首先是从某些微生物开始演化的，微生物是所有生物最早的祖先；从数量上看，微生物数量惊人，每克沃土含细菌的数量可达几十亿个，看似洁净的人体正常携带的微生物量竟可达100万亿个。

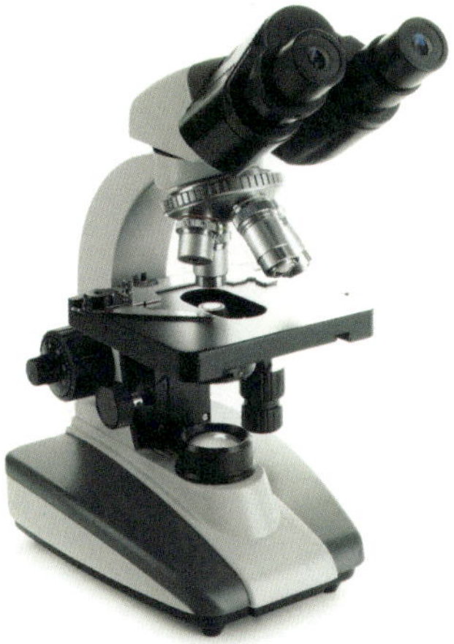

图 4-2 光学显微镜

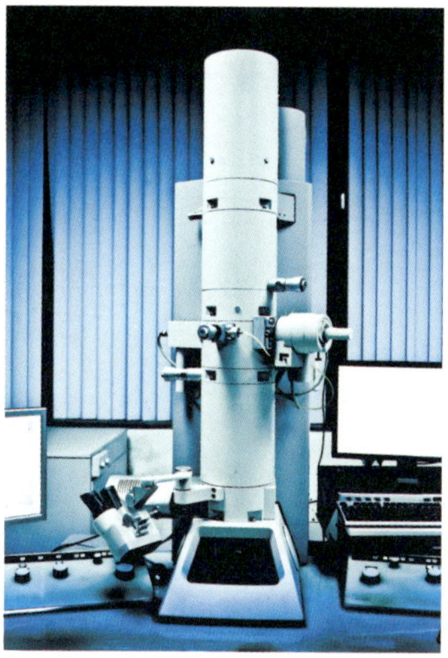

图 4-3 电子显微镜

微生物已存在几十亿年，然而人类却很晚才开始认识微生物。很久以前，人类虽未见到微生物的个体，却自发地与微生物频繁地打交道，并凭世代积累的经验在实践中开展利用有益微生物和防治有害微生物的活动，例如果酒和啤酒的酿造，乳制品的制作，一些疾病的治疗。1676 年，微生物学先驱列文虎克用自制的单式显微镜观察到了细菌个体，他的发现拓宽了人类的视野，从此人类开始知道地球上还有微生物的存在。然而，在此后近 200 年的时间里，人们对微生物的研究仅停留在形态描述的初级水平上，微生物学作为一门学科的概念在当时还未形成。法国微生物学家巴斯德极大地推动了微生物学的发展。巴斯德利用曲颈瓶试验彻底推翻了生命的自然发生说并建立了胚种学说，认为活的微生物是传染病、发酵和腐败的真正原因，从而建立了消毒灭菌的一系列方法，为微生物学的发展奠定了坚实的基础。德国细菌学家科赫于 1884 年提出了科赫法则，并建立了分离纯种微生物的技术。巴斯德和科赫分别被称为微生物学和细菌学的奠基人。随后，在 1953 年，著名的沃森和克里克提出了 DNA 结构的双螺旋模型，从那时起，生命科学进入了分子生物学研究的新阶段，这也是微生物学发展史上成熟期到来的标志。

图 4-4　用显微镜观察细菌

链接

安东尼·列文虎克

安东尼·列文虎克，1632 年 10 月 24 日—1723 年 8 月 26 日，荷兰显微镜学家、微生物学的开拓者。由于勤奋和天赋，他磨制透镜的能力远远超过同时代人。他制作的放大透镜以及简单的显微镜形式多样，其一生磨制了 400 多个透镜，使用的材料有玻璃、宝石、钻石等，其中一架简单的透镜放大率竟高达 270 倍。列文虎克的主要成就有首次发现微生物，最早记录肌纤维、微血管中的血流等。

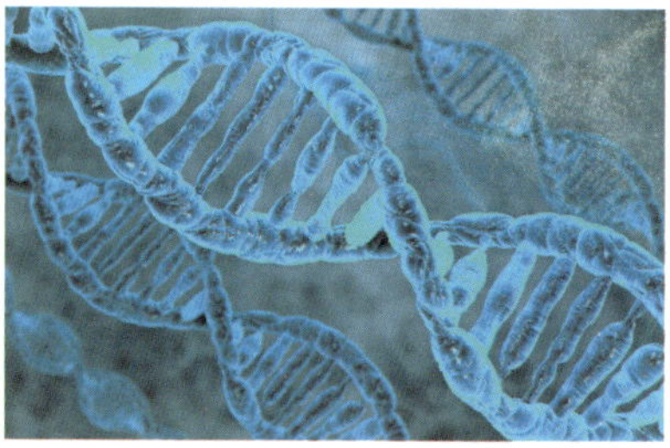

图 4-5　DNA 双螺旋结构模型

微生物对人类而言，是把双刃剑，它在给人类带来帮助的同时也带来了灾难。历史上，许多由微生物引起的传染病曾把人类推向灭绝的边缘。比如，天花、结核、伤寒、霍乱、鼠疫曾在人群中肆虐，造成无数人死亡。直至今天，也还有新型冠状病毒肺炎（Corona Virus Disease 2019，即 COVID-19）等新的严重传染病出现和流行。当6世纪鼠疫在地球上第一次大流行时，曾危及埃及、土耳其、意大利和阿富汗等地，死亡人数约1亿人；在14世纪鼠疫第二次流行时，欧洲有约2500万人死亡，亚洲有约4000万人死亡（中国约1300万人）；19世纪末的第三次流行，主要发生在中国香港和印度北部地区，死亡人数约100万人。这三次鼠疫大流行共殃及1亿多的人口，比死亡最惨重的战争还多！

微生物会给人带来疾病，也能治疗疾病。人类在研究了这种矛盾而又奇妙的关系后，终于找到了一些对付微生物引起的病害的方法。1928年，英国细菌学家弗莱明发现了第一种有实用价值的抗生素——青霉素。从1943年起，青霉素得到日益广泛的应用。在青霉素的巨大医疗效益的促进下，各国微生物学家掀起了广泛寻找土壤中拮抗性微生物的热潮。1944年，美国微生物学家沃克斯曼从近1万株土壤放线菌中找到了疗效显著的链霉素，接着氯霉素、金霉素、土霉素、红霉素、新霉素、万古霉素、卡那霉素、庆大霉素等相继被发现。据1984年的统计显示，抗生素数量有9000

多种。至今，抗生素已成为各国药物生产中最重要的产品之一。

日本学者尾形学曾说：“在近代科学中，对人类福利最大的一门科学，要算是微生物学了。”这是很有道理的，因为在人类的幸福中，健康应该居于首位。对神秘奇幻的微观世界进行的探索，为人类的健康长寿作出了重大的贡献。

细菌与古菌

借助于光学显微镜，我们发现了微生物，看到了一个神奇的微观世界。依靠电子显微镜，我们看到了生物大分子，进而研究出它们的运作机制。漫漫历史长河中，每一步的前进无不体现出人类伟大的探索精神和光芒四射的思维力量。

在人类发现微生物并对它们进行深入研究之前，人们自然而然地把一切生物分成截然不同的两大界——动物界和植物界。但是随着技术的进步以及人们对微生物认识的逐步深化，近一百多年来，生物界级分类系统从两界（动物界和植物界）系统逐渐发展到三界、四界、五界甚至六界系统，直至目前的“三域”系统。

20 世纪 70 年代末，美国伊利诺伊大学的沃斯等科学家对大量微生物及其他真核生物进行 16S rRNA 和 18S rRNA 核苷酸测序，并进行序列比对分析后，提出了一个崭新的三域学说。“域”是一个比“界”更高的分类单元。具体来说，在生物进化过程的早期，存在着一类各生物的共同祖先，并由此分为三条进化路线，即形成了三个域：细菌域，包括蓝细菌和各种除古菌以外的其他原核生物；古生菌域，包括产甲烷菌、极端嗜盐菌和嗜热嗜酸菌等；真核生物域，包括原生生物、真菌、动物和植物。该系统把原核生物（细菌和古菌）分成了两个有明显区别的域，并与真核生物一起作为生命之树的分支。

此外，三域学说还吸收了“内共生学说”的精髓，认为各生物的共同祖先是一种单细胞生物，先演化成细菌和古菌。其中的古菌细胞先后吞噬了好氧细菌和蓝细菌，并发生了内共生，从而

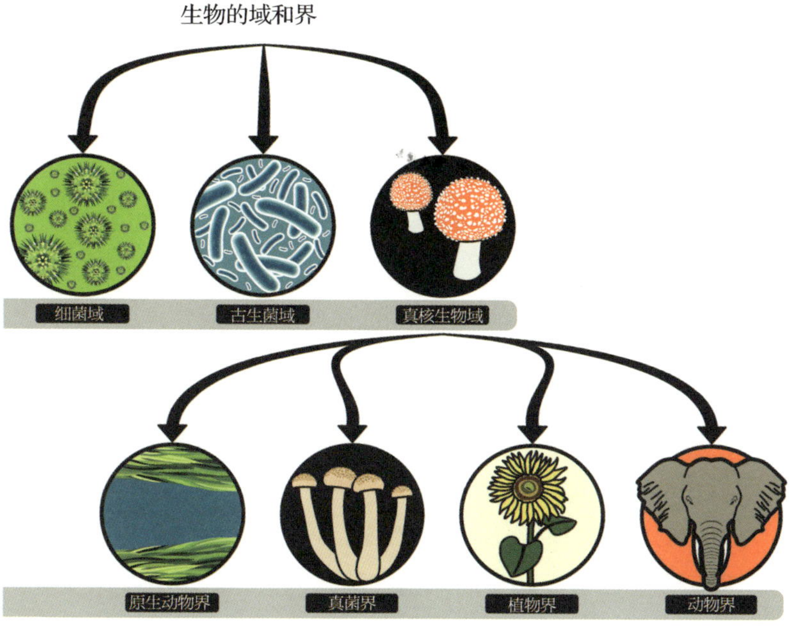

图 4-6　三域分类系统

链接

rRNA

rRNA，即核糖体 RNA，是细胞内含量最多的一类 RNA，也是三类 RNA（tRNA，mRNA，rRNA）中相对分子质量最大的一类 RNA，它与蛋白质结合而形成核糖体，其功能是在 mRNA 的指导下将氨基酸合成为肽链。S 为大分子物质在超速离心沉降中的一个物理学单位，可间接反映分子量的大小。

16S rRNA 基因是细菌上编码 rRNA 相对应的 DNA 序列，存在于所有细菌的基因组中。16S rRNA 具有高度的保守性和特异性，并且基因序列足够长（包含约 50 个功能域）。随着 PCR 技术及核酸研究技术的不断进步，16S rRNA 基因检测技术成为检测和鉴定病原菌的一种有力工具。

18S rRNA 基因是编码真核生物核糖体小亚基的 DNA 序列，其中既有保守区，也有可变区。保守区域反映了生物物种间的亲缘关系，而可变区则能体现物种间的差异。

两者进化成与宿主细胞融为一体的细胞器——线粒体和叶绿体，于是宿主也最终发展成各类真核生物。

那么，是什么促使人们提出三域学说这种新的分类系统呢？最重要的原因是科学家们认识并发现了大量具有一系列独特性状

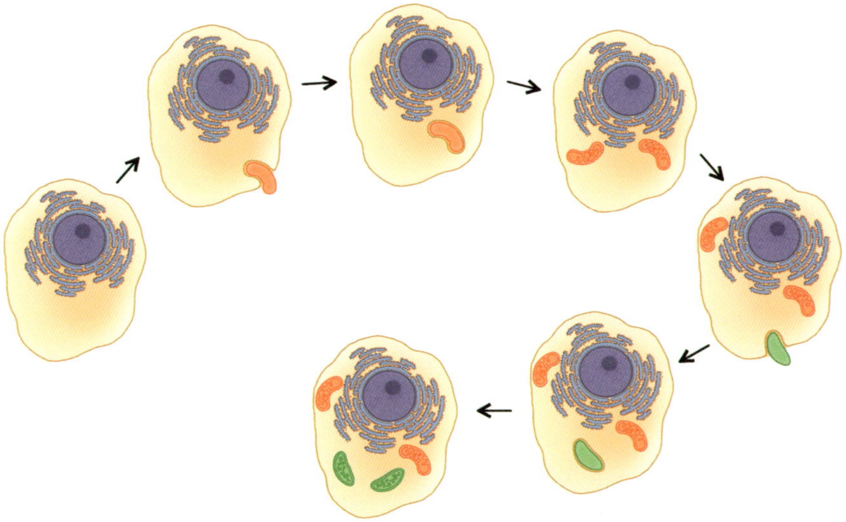

图 4-7　真核细胞内共生学说示意图（其中红色代表线粒体，绿色代表叶绿体）

的曾称作“第三生物”的古菌。与细菌及真核生物相比，古菌有以下几个特点：细胞膜的脂类特殊；细胞壁成分独特而多样；tRNA 成分及核苷酸顺序也很特殊，且不存在胸腺嘧啶；蛋白质的合成起始于甲硫氨酸，这与真核生物相同，而与细菌起始于甲酰甲硫氨酸不同；对抗生素的敏感性不同，对那些作用于细菌细胞壁的抗生素如青霉素、头孢霉素等不敏感，对抑制细菌转录翻译过程的氯霉素也不敏感，对抑制真核生物转录翻译过程的白喉毒素却十分敏感。

不同的结构往往会带来“特异功能”，所以具有诸多特性的古菌能在与地球早期严酷自然环境相似的极端条件下生存，如纳米比亚含盐量极高的海滩、南极洲寒冷的冰川、美国黄石国家公园近乎沸腾的热泉、几千米深的压力极大的海底等。因此，古菌也被称作嗜极菌，包括嗜热菌、嗜酸菌、嗜压菌、产甲烷菌和嗜盐菌等。

从各种生物界级分类系统和三域系统的发展过程来看，细菌和古菌的地位正是随着人类对微生物研究和认识的深入逐渐确立的。这也充分说明，微生物在生物界级分类中占据着独特且重要的地位，就像内共生学说告诉我们的，即使在表面上看似与微生物毫无关系的动物界和植物界，微生物的“影子”也是无处不在的。

图 4–8 嗜极菌的生存环境

病毒到底是不是生物

在神秘奇幻的微观世界中，病毒应属其中体形最小的存在。由于人类的视力限制，体形越小的生物越难被发现，因此，即使在人类最晚发现的微生物世界中，病毒也是最迟被发现的，类病毒、拟病毒和朊病毒等亚病毒的发现就更迟了。病毒如此之小，且没有细胞结构，那么，它们到底是不是生物呢？

说起病毒，我们首先会联想到它引起的诸多骇人听闻的疾病，如狂犬病、天花、小儿麻痹症、流行性感冒、乙型肝炎、艾滋病、

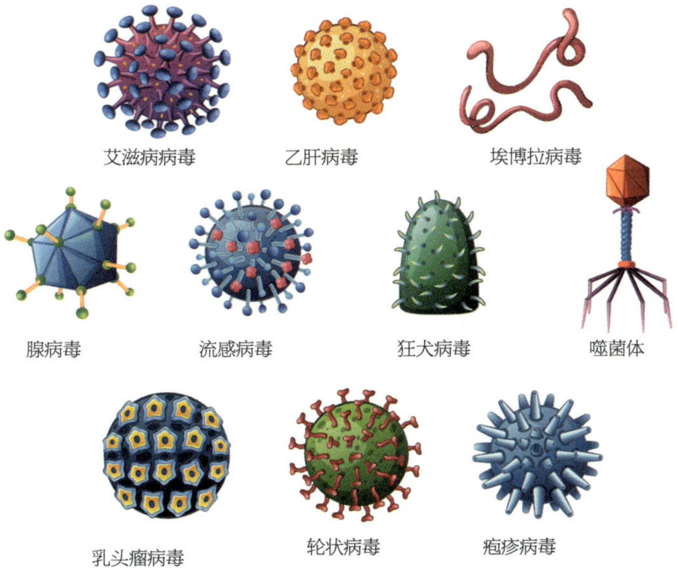

图 4-9　多种引起疾病的病毒

埃博拉出血热和新型冠状病毒肺炎等。病毒给人类带来了数不胜数的灾难，人类发现并认识这类小东西也经历了很长一段历史。

首先，在发现病毒之前，人类已经与病毒引起的各类疾病共存很久了。大约在公元前1500年的古埃及时代，一幅石壁浮雕清楚地描绘着一位一条腿严重萎缩的祭司，这是患过瘫痪性脊髓灰质炎的特有标志。公元前4世纪，古希腊哲学家亚里士多德就描述过狂犬病的症状。公元前3世纪左右，我国和印度都记载过天花的病症。到19世纪末，人类才开始初步认识病毒。1886年德国的科学家迈耶首次鉴定了烟草花叶病，并用实验证实了其具传染性，随后俄国植物病理学家伊万诺夫斯基和荷兰学者贝杰林克提出该病病原是一种“传染性的活性液体”或称“病毒”，从此，现代病毒学的历史序幕被揭开了。此后，许多学者陆续发现了各种植物病毒、动物病毒和细菌病毒——噬菌体。随着电镜技术和化学分析方法的进步，20世纪40年代左右，科学家提纯并结晶了烟草花叶病毒，并进一步揭示出其杆状外形和核蛋白的化学本质。1952年，赫尔希和蔡斯应用同位素证实噬菌体的遗传物质仅是DNA，由此进入病毒的分子生物学研究时期。

至此，人类才初步了解病毒这类生物，它们是一种特殊的微生物，与微生物中的细菌或真菌等都不同：其他微生物都是单细胞或多细胞结构，而病毒没有细胞结构；其他微生物同时含有两种核酸，而病毒只含有一种核酸（DNA或RNA）。病毒由于没有细胞结构和细胞器，以致没有完成代谢所需的各类酶，所以无法进行独立的生长和繁殖，必须寄生于活细胞内。

病毒的增殖过程是较为复杂的，它不像有细胞结构的微生物

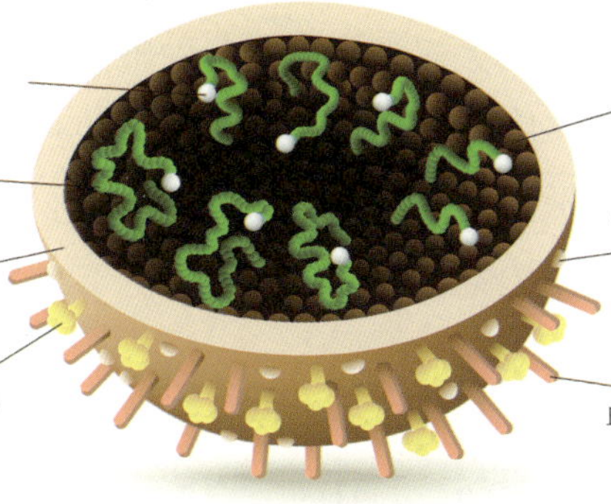

图 4-10　流感病毒模型剖面图

那样靠分裂或产生孢子来增殖，而是以其自身核酸为模板进行复制或生物合成。在病毒侵染细胞时，它首先吸附于寄主细胞的表面，然后将其有感染作用的成分注入细胞质中。在寄主细胞中，病毒的核酸依照中心法则被翻译和复制，同时转录出的核酸也操纵着相关蛋白质的合成，随后新形成的核酸和蛋白质按原病毒的组合形式装配起来以形成一个新的病毒粒子。当新病毒粒子达到

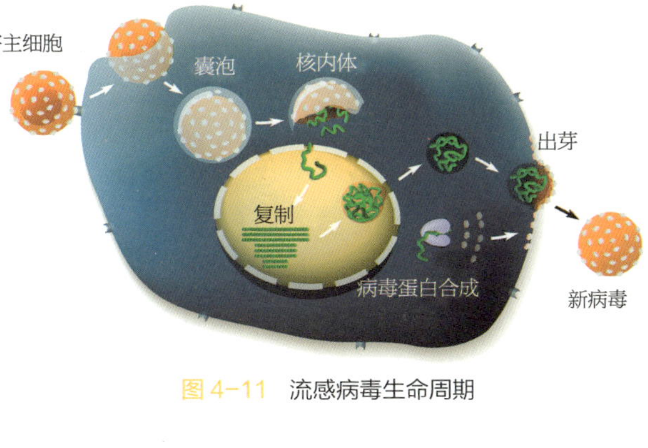

图 4-11　流感病毒生命周期

一定数量时，寄主细胞的营养物质被消耗殆尽，这些病毒粒子便从细胞中释放出来再去侵染其他目标细胞。在释放的过程中，有些病毒也不忘带一块细胞的膜覆盖在自己的身上形成囊膜。另外，有些病毒不会释放，而是把自己的核酸片段整合到寄主细胞的核酸中去，与寄主细胞融为一体，许多寄生于细菌或真菌体内的噬菌体就是这样。

目前，人们深受其扰的病毒之一当属新型冠状病毒，它是新型冠状病毒肺炎的元凶。一时间，世界各地都陷入与新型冠状病毒肺炎的焦灼战争中，原有的正常生产、学习、生活秩序都受到了干扰。冠状病毒是一个大型病毒家族，可引起感冒及中东呼吸综合征（MERS）和严重急性呼吸综合征（SARS）等较严重疾病。新型冠状病毒是以前从未在人体中发现过的冠状病毒新毒株。由于其主要遗传物质为RNA，其遗传结构虽然简单，但同样极易发生突变从而形成新的毒株。所以，做好预防工作仍然是当下疫情防控的重点。我们应及时接种疫苗，尽量减少外出，必须外出时一定要做好个人防护，养成良好卫生习惯，同时做好个人健康监测并配合地区疫情防控工作。

现在我们知道，病毒是专性寄生于活细胞内的生物。因此，凡是有生物生存的地方，都有其对应的病毒存在。随着生命科学研究的日益深入，已知病毒的数量在飞速上升，今后也必将继续增加。从理论上来分析，在自然界存在的病毒总数应大大高于细胞生物的总和。面对如此多

样的病毒，科学家已找到了很多办法来对付它们引起的病害。干扰素和许多中药可以用来治疗病毒引发的疾病，此外，预防病

毒引发疾病的有效办法是免疫接种，激发机体的免疫功能来达到防范和消灭的目的。在病毒给人类带来巨大损害和麻烦的同时，人类也在尝试将它们转化为有利的工具。如病毒所寄生的对象是对人类有害的动植物或微生物，则会给人类带来巨大的生态利益；如利用病毒进行疫苗生产和作为遗传工程中的外源基因载体，将直接或间接地为人类创造出可观的社会利益和经济效益。

与众不同的繁殖方式

在神奇的微观世界，微生物的代谢能力和繁殖速度让其他生物望洋兴叹。

由于微生物具有极大的表面积与体积的比值，所以它们能够迅速地与周围环境进行物质交换。此外，微生物体中富含各种代谢活动所需的酶，因而，微生物较其他生物有更强的合成和分解能力。据统计，一头 500 千克重的牛，每天能增加的蛋白质只有 0.4 千克，而 500 千克的酵母菌 24 小时却可形成至少 5000 千克的蛋白质。如此惊人的代谢速度，也恰好与它们飞快的生长繁殖速度相辅相成，而各类微生物的繁殖方式也是不同的。

当细菌细胞生活在适宜的条件下时，它会进行连续的生物合成和平衡生长，细胞体积和质量不断增加，从而进行繁殖。细菌的繁殖方式主要为裂殖，但有少数种类的细菌可进行芽殖。

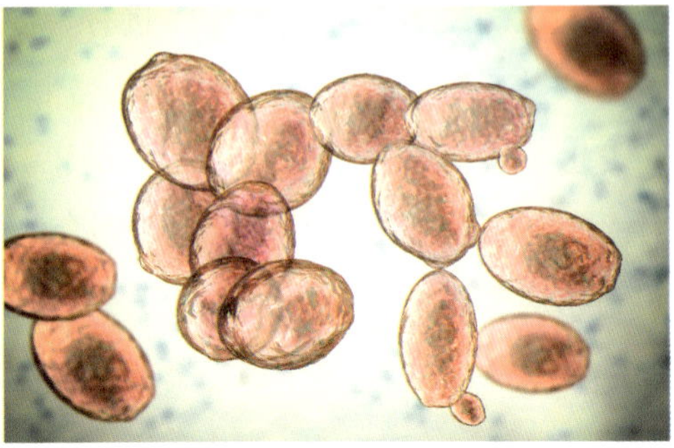
图 4-12　酵母菌

所谓裂殖是指一个细胞通过分裂而形成两个子细胞的过程。对杆状细菌而言，有横分裂和纵分裂两种方式，如果分裂时细胞间形成的隔膜与细胞长轴呈垂直状态则为横分裂，若为平行状态则为纵分裂。一般细菌都是按横分裂方式，以二分裂进行对称裂殖。这种二分裂一般是对称分裂的，也就是一个细胞在它的对称中心形成隔膜，进而分裂为两个形态、大小和构造完全相同的子细胞。当然，特殊情况就是少数种类的细菌也存在不等二分裂，可以产生两个形态差异明显的子细胞。此外，有一类进行厌氧光合作用的绿色硫细菌，它可以形成松散、不规则的由细胞链构成的网状体，其中部分细胞可以进行三分裂，以形成一对“Y”形细胞。

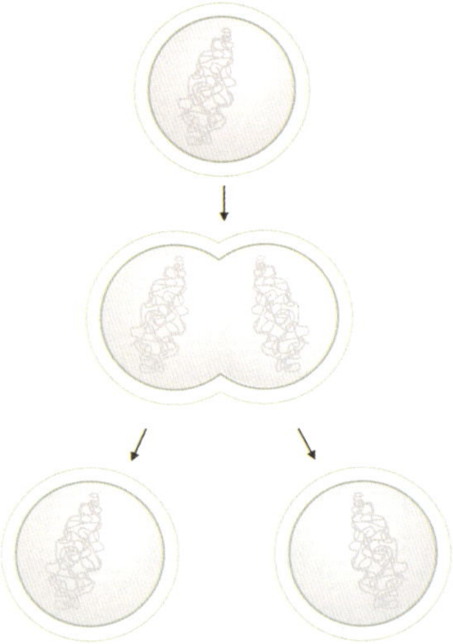
图 4-13　细菌二分裂过程示意图

所谓芽殖就是在母细胞表面，尤其是在细胞一端，先形成一个小凸起，待其长大到与母细胞大小相近后再分离并独立生活的一种繁殖方式。这类细菌可被称为芽生细菌，包括芽生杆菌属、硝化杆菌属、红微菌属、生丝微菌属和红假单胞菌属等。

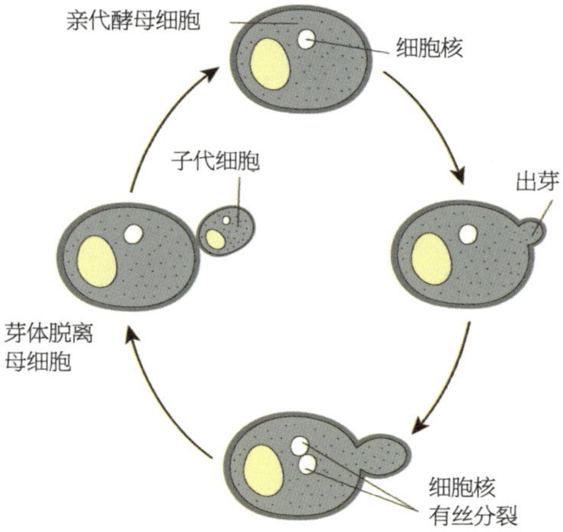

图 4-14　细菌芽殖示意图

放线菌在自然条件下通常是以形成各种孢子的方式进行繁殖的，也有少数种类是以基内菌丝分裂形成孢子状细胞进行繁殖的。放线菌处于液体培养环境时很少形成孢子，但它的各种菌丝片段都有繁殖功能，这种特性对于在实验室进行摇瓶培养和在工厂的大型发酵罐中进行液体搅拌培养来说，显得非常重要。放线菌的孢子的形成主要通过横割分裂方式，但有两种形成途径：一是细胞膜内陷，再由外向内逐渐收缩，最后形成完整的横隔膜，从而把孢子丝分割成许多分生孢子；二是细胞壁和细胞膜同时内陷，并逐步向内缢缩，最终将孢子丝缢裂成一串分生孢子。

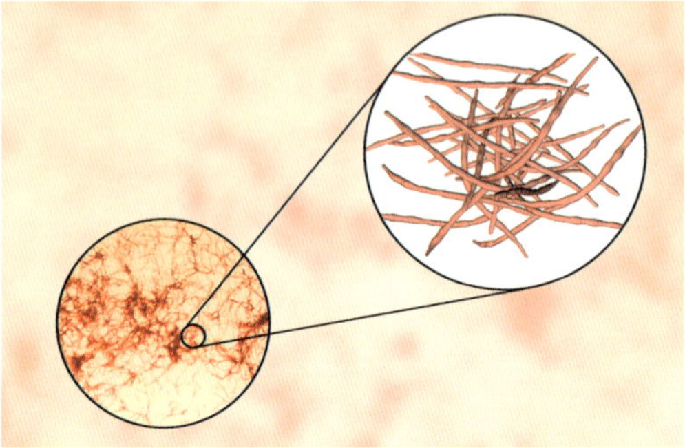

图 4-15　放线菌

真核微生物中的酵母菌的繁殖方式更是多样，大致可分为无性繁殖和有性繁殖。无性繁殖中芽殖是酵母菌最常见的繁殖方式，在良好的营养和生长条件下，酵母生长迅速，这时可以看到所有细胞上都长有芽体，而且在芽体上还可形成新的芽体。还有个别种类的酵母菌会进行与细菌相似的裂

链接

无性繁殖与有性繁殖

无性繁殖不涉及生殖细胞，是不需要经过受精过程，直接由母体的一部分形成新个体的繁殖方式。无性繁殖在生物界中较普遍，有分裂繁殖、出芽繁殖、孢子繁殖、营养体繁殖等多种形式。

由亲本产生的有性生殖细胞（配子），经过两性生殖细胞（例如精子和卵细胞）的结合，成为受精卵，再由受精卵发育成为新的个体的生殖方式，叫作有性繁殖。

殖，其过程是细胞伸长，核分裂为二，然后细胞中央出现隔膜，将细胞横分为两个大小相等的、各具有一个核的子细胞。个别种类的酵母菌会形成掷孢子，这种无性孢子外形呈肾状，成熟后便通过一种特有的喷射机制将孢子射出。除此之外，酵母菌还会以形成子囊和子囊孢子的方式进行有性繁殖。它们一般通过邻近的两个性别不同的细胞各自伸出一根管状的原生质突起，随即相互接触、局部融合并形成一个通道，再通过质配、核配和减数分裂，形成 4 个或 8 个子核，每一子核与其附近的原生质一起，在其表面形成一层孢子壁后，就形成了一个子囊孢子，而原有营养细胞就成了子囊。同为真核微生物的真菌的繁殖能力也是极强的，主要通过产生大量的无性孢子或有性孢子来完成。

健康的黄金搭档——益生元与益生菌

作为健康的黄金搭档，从字面上看，虽然益生菌和益生元都带有“益生”两个字，表示它们是对人体有益的，但是两者却是不同的概念，不可混为一谈。

顾名思义，益生菌是一类对人体健康有益的细菌微生物，它们可以直接居住并作用于肠道，通过抑制有害细菌的生长繁殖来调理肠道菌群，维持肠道微生态平衡，从而提高肠道机能，促进

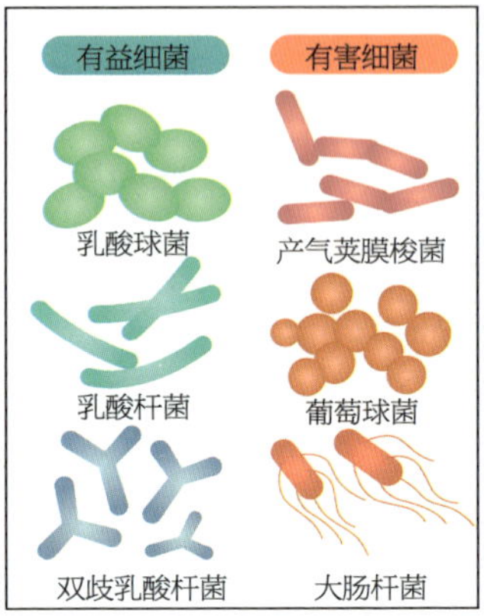

图 4-16　常见的有益细菌和有害细菌

营养物质的吸收，增强免疫调节能力。

而益生元虽同样利于人体肠道的健康，但其作用机理与益生菌全然不同。益生元的概念是 1995 年由吉布索等人首次提出的，益生元是一些人体不能消化或难以消化的食物成分，主要是低聚糖类，这些成分可以选择性地刺激肠道内益生菌的生长繁殖，从而间接对肠道健康发挥调节作用。所以，益生元的特点主要为：不被消化或难以被消化；能被肠道细菌发酵利用；能选择性地刺激肠道益生菌群的生长繁殖。总的来说，益生元与益生菌两者是相辅相成的，如果没有益生菌的参与，益生元就只是“光杆司令”。

益生菌对人体有多种益处，尤其是可以帮助我们战胜致病菌，保持肠道健康微生态，成为我们人类的抗菌好帮手。但它们是如何战胜致病菌以占据生态优势的呢？最近美国科学家的研究揭示了食物中发现的益生菌可直接干扰病原菌的定殖，从新的角度帮我们认识了益生菌的作用方式。该研究分析调查了 200 名健康的志愿者，发现肠道内存在益生菌枯草芽孢杆菌的人，其肠道和鼻腔中就没有“著名”的致病菌——金黄色葡萄球菌的定殖。于是，科研人员在小鼠身上进行实验，结果进一步证明，枯草芽孢杆菌确实能够抑制金黄色葡萄球菌。用枯草芽孢杆菌的芽孢给小鼠灌胃，哪怕是肠胃中本来没有枯草芽孢杆菌的小鼠，也可以完全消除金黄色葡萄球菌的肠道定殖。这一发现进一步证明枯草芽孢杆菌可以通过某种机制将金黄色葡萄球菌赶跑，科研人员由此顺藤摸瓜，发现芽孢杆菌的作用机制，是通过抑制金黄色葡萄球菌的群体感应系统来实现定殖逆袭的。

益生菌赶走致病菌的关键在于成功破坏了敌方的群体感应系统——这是细菌间相互交流的一个重要方式。同类细菌可以感受到同伴释放出来的信号分子，就好像是同一战线使用相同的加密方式传递信号。它们还可以根据这一信号分子的浓度高低来判断当前己方的强弱，从而做出“明智的”形势判断。比如，当细菌数量比较少的时候，释放的这一信号浓度也比较低，细菌判断出此时己方对身体免疫系统并不占优，就会蛰伏不动，休养生息；当细菌数量较多的时候，信号浓度也相应升高，细菌就会感受到自身的优势逐渐占据了上风，在某一时刻大量生长繁殖，产生致病性。这一群体感应系统，在细菌的定殖、生物膜形成以及致病性等多方面，都起着至关重要的作用。而益生菌之所以能抑制致病菌的定殖，正是破解了对方的信号分子——肠道内的芽孢杆菌可通过生成一种被称作脂肽芬荠素的物质，来抑制金黄色葡萄球菌的群体感应，从而实现抑制其定殖的作用。

益生菌已经被证明对身体有多种不同的益处，对抗致病菌并减少感染也是其中之一，这也帮助我们揭开了益生菌抗菌性的面纱。更为重要的是，它提供给我们一个抗生素之外的新的抗菌思路。要知道，传统的抗菌方案都是希望剿灭细菌，比如用抗生素杀菌，但是正所谓哪里有“压迫”哪里就有“反抗”，在强大的杀菌压力下，细菌也会产生抗药性，最终导致抗生素失效。所以，如何用更加“温柔”的方法来解决细菌感染问题，将是未来的一个重要发展思路，比如以细菌的群体感应为靶，破坏它们之间的通信，让其无法有效协调致病，或是直接补充枯草芽孢杆菌益生菌作为一种抗菌手段。

变废为宝——肠道微生物

在很多人的印象中，人类和动物的排泄物都是垃圾，其中都是机体不再需要的东西。但是殊不知，排泄物中除了人类和动物不能消化吸收而排出的成分，同时也携带了大量的肠道微生物，这里面既有我们需要防范的病原微生物，也有许多对生物体有益的微生物。

早在 20 世纪初，诺贝尔奖获得者梅契尼科夫就提出，肠道菌群可以引起衰老和慢性病。他认为肠道中的一些有害菌会产生有毒

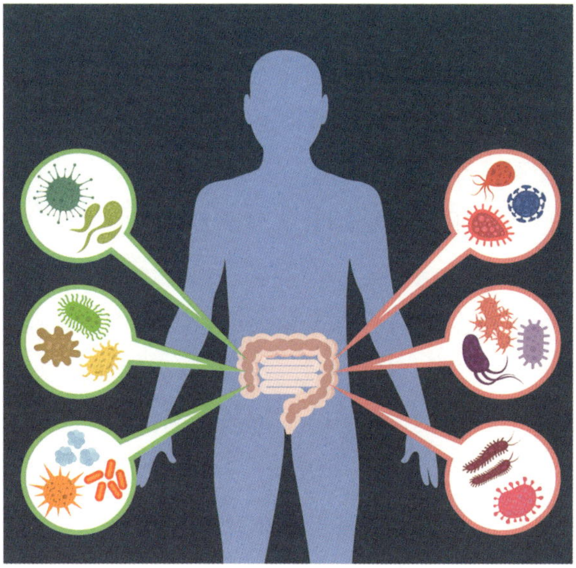

图 4-17　人体肠道微生物

有害的物质，可能会导致一些慢性病的发生，加快衰老。中医也有一个很朴素的观念，叫作“粪毒入血，百病蜂起”，就是说，如果肠道中的有害菌过度生长，且它们产生的有毒有害的生理活性物质进入人体血液，可能真的会导致某些疾病的发生和发展。

2012 年，上海交通大学的赵立平教授在一名体重 175 千克的年轻人的肠道里发现了一种叫阴沟肠杆菌的致病菌，此病菌占到了肠道微生物总量的 35%，经过营养干预 4 周以后，这种病菌基本检测不到了。23 周以后，该年轻人的体重下降了 51.4 千克，随后，他的糖尿病、高血压、高血脂等病症也消失了。那么感染阴沟肠杆菌是不是他得病的原因呢？研究人员将该菌分离出来后，接种到了无菌动物的肠道中，研究发现该菌被接种后会快速生长繁殖，动物吃高热量的饲料，就出现了重度肥胖、脂肪肝、胰岛素抵抗等病症。而前人的大量研究已证明无菌动物吃高热量的饲料是不会肥胖的。这个实验满足了鉴定传染病病原物的科赫法则，并鉴定出了第一个能够引起肥胖的人体肠道细菌，这样的细菌如果在我们的肠道里大量生长繁殖，就有可能引发或加重一些慢性病。

在了解了排泄物中的有害菌后，排泄物中的有益菌又是什么样子的呢？2015 年，赵立平教授及其研究团队从全国 20 个地区采集了 314 个 18 到 35 岁的健康年轻人的粪便样品，这些对象来自 7 个不同的民族，一半为男性、一半为女性，一半来自农村、一半来自城市。对肠道菌群的基因组测序分析后可以发现一个有趣的现象：同一个民族的人，体内菌群结构是比较像的；但是不同民族的菌群结构是不一样的，差别还是比较明显的。同时，他们还发现，有一类叫作短链脂肪酸产生菌的功能菌在所有被测人的体内都存在，而且其总数占到了总测序量的一半。那么，这些菌是不是健康人应该有的优势菌呢？所谓短链脂肪酸，就是碳原子数比较少的一些有机酸，如乙酸、丁酸、丙酸，有一些肠道细菌可以在我们的肠道里大量地产生这些短链脂肪酸。这些由人类不易消化的膳食纤维或低聚糖类产生的短链脂肪酸对人体有非常重要的作用，不少研究发现，短链脂肪酸可以为我们的肠道上皮细胞提供生长所需要的能量，可以减轻肠道的炎症，甚至能够调节我们的食欲中枢，增加我们的饱腹感，等等。换句话说，乙酸、丁酸这类的短链脂肪酸是我们人体必需的营养元素，就和必需氨基酸一样。必需氨基酸虽然不能由人体自身合成，但是可以从食物中获取，而短链脂肪酸既不能被合成，也很少能从食物中获取。只有进食膳食纤维，且肠道中富含这些短链脂肪酸产生菌，才能产生短链脂肪酸。说到这里，不知你有没有想起前一节的内容，没错，膳食纤维或低聚糖类就是益生元，短链脂肪酸产生菌就是一类益生菌。

由此可见，排泄物还真不一定是垃圾，我们可以变废为宝。一方面我们可从肠道微生物中鉴别出什么是有害菌，另一方面也可从中发现对健康大有裨益的有益菌。随着生命科学的飞速发展，以及基因组、转录组、蛋白质组和宏基因组等分析技术的进步，我们将从神奇的微观世界获得更多有趣的知识。

第5章

生物多样性

从生命出现开始，地球上的生物都竭尽全力去适应地球的气体组成、适应各种地壳运动、适应太阳辐射的能量、适应水与陆地环境、适应气候天气等。在适应的过程中，每种生物也在不断变异，扩大基因库，它们还要适应变异后的自己，寻求生存。

从低等到高等，从简单到复杂，每一个生命都是独一无二的，生命间又是密不可分的。每一个影响生物生存的因素随机排列组合，多样的生物又互相产生着新的影响和作用，随着时间的流逝，系统逐步走向稳定。生物及其环境形成的生态复合体，以及与此相关的各种生态过程的综合；它们所拥有的基因，以及它们与其生存环境形成的复杂的生态系统，成就了生物的多样性。

缤纷的世界推动了生物多样性的进程，而生物的多样性又让这个世界愈加缤纷。世界如此多彩，我们人类生活于其中，应该要好好珍惜并加以保护。

我们在一起

植物从海洋成功登上陆地，用了约30亿年的时间，从此，地球上的大地被铺上了一种崭新的颜色——绿色，这是一种充满生机的颜色。于是，我们的地球，挥手告别了冰冷荒芜的环形山，告别了一望无际的戈壁滩。

从水中的绿藻，到陆地上的苔藓、蕨类、种子植物，植物世界的拓荒之路绝不是平淡无奇的。在不同于水环境的陆地环境中，植物唯有不断创造奇迹，才能生存和发展。5亿多年前，植物的老祖宗绿藻从水中爬上陆地。植物不甘心永远只做匍匐在大地的苔藓，做出了一个举足轻重的演变——发育发达自己的维管束。

那么维管束是什么呢？科学家的命名都是非常朴实贴切的，大家不妨根据名字来想一想。维管束是指维管植物中由木质部和韧皮部成束状排列形成的结构，植物体内的维管束彼此连接，为植物输送水分、

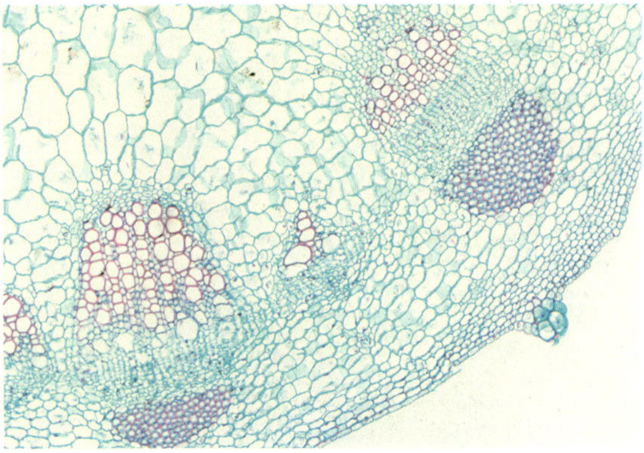

图5-1　显微镜下植物体内的维管束

无机盐和有机物质。简单来说，维管束就是维护植物生长的束状排列的一些管道。

正如血液循环系统不停地为我们人体提供着新能量，维管束为植物源源不断地提供新能量。它还有一个重要的功能，那就是支撑植物本身。如果没有维管束，我们恐怕只能俯视茫茫的苔原，而不能拥有仰视参天大树的机会。

为了使自身更强大，植物需要更大的“肺活量”。奇迹再一次被创造出来，更有效率的叶子出现了，叶片扩大了植物的呼吸面积，遮天蔽日的树冠也随之诞生。地球迎来了植物昂首挺胸的“蕨类时代”。

图 5-2　蕨类植物（蒋小涵　摄）

然而仅有绿色是不够的，地球的色彩太单一了。某些叶子做出了重大突变，华丽转身为花朵。花与果的出现，其实是为了更高效地延续物种。所以，更加辉煌的“种子植物时代”来临了，在这其中又有裸子植物和被子植物之分。

从一个或数个植物细胞到根、茎、叶、花、果，植物世界一直是一个敢于开拓进取的世界，植

图 5-3　裸子植物——银杏（蒋小涵　摄）

图 5-4　被子植物——玉兰（蒋小涵　摄）

物中的芸芸众生，一边适应新的环境，不断地演化着，一边又改造着环境。如今，植物并没有停下它们发展的脚步，它们将来的千变万化，需要更多的达尔文来解读。

在植物的演化过程中，有一个不可或缺的陪伴者，那就是动物。动物以植物为食物，其实是对植物的成全，准确地说它们是相互成全。

浩瀚的海洋是生命的摇篮，是植物和动物的发源地。植物的起源远远早于动物，最早的动物在 5 亿年前至 4.5 亿年前出现，而在 25 亿年前就出现了最早的植物。

植物经年累月的呼吸，吸入二氧化碳释放出氧气。由此改变了地球大气的组成，使地球的氧气浓度提高，并形成了防紫外线的臭氧层，为更高等级的动物（包括人类），提供了生存和发展的可能。

然而大量氧气的积累，对繁盛的植物世界来说是一个极其危险的因素。假如出现火苗，氧气团会助长火势。可以想象，不需要很长时间，地球就会处于熊熊大火之中，生命将在焚烧中荡然无存。地球又会重新回到荒芜死寂的模样。幸好，随着时间推移，植物世界出现了亦敌亦友的伴侣——包括人类在内的动物世界。

植物与人类的关系密不可分。人类欣赏植物的花朵，呼吸植物释放出来的氧气，食用植物的果实，用树木打造房屋，用植物作为能源，等等。

然而，索取成为人类的习惯，甚至毁掉绿色也不觉得可惜。间或的战争使绿地成为焦土、荒漠，严重的污染使土地寸草不生，砍伐木材使原始森林满目疮痍。同理，地球上绿色资源的缩减，也把地球上的动物，包括人类，推向了一个危险的境地。当植物

图 5-5　植物与人类的关系密不可分

世界的范围缩小到平衡点以内某个点时，等待我们的可能也是一场灭亡之灾。

作为地球上最具智慧的生物，我们相信，人类有责任也有能力担起平衡的重任。因为，同舟共济才能地久天长。

花颜花语

春天，姹紫嫣红开遍，有人却不知道花仙子们的大名；纵有满腹唐诗宋词，却不知道该向哪朵花儿倾诉；梅、樱、桃、李，均是粉白一片，却无从辨别……

让我们用一把小小的“花钥匙”，打开一扇植物的门看看吧：梅花的花瓣是圆圆的，时时暗香浮动；樱花的花瓣有缺口，香味清淡；桃花的花瓣是尖尖的，且拥有独特的桃红，花蕊鲜红；李花白色的花瓣上有褶皱，花蕊是黄色的。简而言之：梅圆樱缺，桃红李白。它们各有千秋，又同领春天之风骚。

我们已经认识了花的外形，那么在它们万紫千红的背后又隐藏着什么样的秘密？谁能透过花儿美丽的容颜，解读出花儿内心的语言？

这样的问题同样也困惑了一个人——瑞典的卡尔·冯·林奈。林奈是一个有些偏执的人，他不喜欢杂乱无章，喜欢井井有条。

图 5-6　梅花（左上）、樱花（右上）、桃花（左下）、李花（右下）（蒋小涵　摄）

他是双名命名法的创始人，将物种根据几个重要特性进行分门别类。从此，每一种花都有了“身份证”，而且有了独一无二的“身份证号”。

林奈是怎么做到的？地球上的花儿有千千万万，它们的名字不会重复吗？不会被弄错吗？

梅花是蔷薇科杏属的植物，我们来看看林奈给它的学名：*Armeniaca mume*。前面的 *Armeniaca* 是属名，后面的 *mume* 是种加词，这就是双名命名法。聪明的植物学家还使用了拉丁名来为植物建立学名，因为拉丁文是一种静态的不会再发展的文字，无论世界如何发展变化，组成植物学名的单词的意思都不会改变。

分类学是一门历史悠久、影响深远的学科，为动植物研究提供了一个理论构架。从分类学的角度看，梅、樱、桃、李这四种难以分辨的花都是蔷薇科的植物，只是分别属于不同的属罢了。

图 5-7 梅花（蒋小涵 摄）

科学家们一直在努力。从以形态学为基础的恩格勒系统、哈钦松系统，到后来随着生物学的发展，克朗奎斯特等分类学家不断地改善分类方法。如今，大数据时代来临，通过测序的手段，科学家们使用物种的保守序列构建系统进化树，再辅以其他形态学证据得到的 APG（Angiosperm Phylogeny Group）系统，广为大家认可。

图 5-8 桃花（蒋小涵 摄）

从外形结构到基因层面，由表及里地解读花的秘密，科学工作者从来都没有停下过探索的脚步。他们一直在寻找神奇的“花钥匙”，使物种的分类更加合理。

让我们再回到春天的百花园中，一簇簇娇羞的花儿又映入眼帘，一朵朵粉色的花儿又进入画面。那红色的可是桃花？那粉色的可是樱花？

凑近看，原来那红的是海棠，与桃花的艳丽相比，海棠显得分外清雅。不仅如此，桃花花梗短促，而海棠的花梗仿佛情意绵绵的丝带。所以才有诗人为海棠赋诗曰：知否知否，应是绿肥红瘦。

图 5-9　海棠（蒋小涵　摄）

那粉的是杏花。杏花的红色越开越淡，直至粉白。杏花的花萼还有猩红一点，好似美女的樱唇，鲜明地托着花朵，这就是杏花的标志了。难怪有“红杏枝头春意闹”的千古名句。

图 5-10　杏花（蒋小涵　摄）

链接

APG 系统

APG 系统是为现代植物学家认同的被子植物分类系统，其全称是被子植物种系发生学组，最初的版本由全世界几十个实验室基于分子系统发育学于 1993 年共同完成，目前已经更新了四个版本，并仍在不断完善中。该系统从被子植物的分子数据出发，建立了一个目、科分类阶元上的分类系统，在被子植物系统学研究中具有跨时代的意义。这个系统同时对被子植物系统学和分类学研究产生了重大影响，大大改变了两百多年来植物学家以形态学性状划分的分类系统，结合最新的分子证据，打开了植物分类的新纪元。

放错位置的莲

比起“出淤泥而不染，濯清涟而不妖”的赞誉，“中通外直，不蔓不枝”这一描述是否让你脑海中的莲花更为具象？诗句首先描写了莲花的形态特征，随之延伸出花的品性，其中的科学性与艺术性可谓相得益彰。对于喜欢考究古代植物的研究者来说，这样的描述质朴而珍贵。以标本为基础、以形态为指导，植物分类学家就是这样认识植物并分类的。世界上的植物约有 37 万种，如何有效地辨别它们并加以利用是一直困扰世人的问题。从古代神农尝百草，到现在在野外做科考，对植物分类的探索从未停歇。

图 5-11　莲（蒋小涵　摄）

图 5-12　植物标本采集（潘永泰　摄）

莲，山龙眼目莲属植物，学名是 *Nelumbo nucifera*，前面的章节已经介绍过拉丁学名的命名方法了，相信大家还记得，*Nelumbo* 是它的属名，*nucifera* 是它的种加词。莲属植物共有两个种，一个是广为人

图 5-13　野外做科考（潘永泰　摄）

知的莲花，另一个是美洲黄莲。看到这里，细心的读者朋友肯定要问，既然莲花属于莲属，那么睡莲在哪里呢？很抱歉，它们并不是一家人。从物种进化的角度来看，莲花与睡莲的亲缘关系，大概还没有它和夏威夷果的关系近。

起初，科学家也认为莲属于睡莲的家族，也就是都属于睡莲科，但莲和睡莲并不是一个物种。无论是恩格勒系统还是克朗奎斯特系统，以形态特征为依据的传统的分类学系统都将这两种物种归为了一个类群。恩格勒系统是分类学史上首个比较完整的系统，它将睡莲科放在了毛茛目里。随着植物领域相关研究的发展以及分子实验手段的进步，克朗奎斯特将睡莲与莲单列为睡莲目，又划分出莲科，将这一类群放在了八角目与毛茛目附近。而一致的是，二者都将其归于被子植物的基部类群，也就是说以前的科学家认为莲花与睡莲在进化上分支较早，属于比较原始的物种。

实际上，睡莲目的进化地位没有问题，莲与睡莲十分相似是趋同进化造成的结果，但这并不代表莲也具有与睡莲相同的进化地位。因此，在经过研究与分析之后，莲被排除出了睡莲的家族。这里再给大家普及一下趋同进化的意思。趋同进化指的就是不同的物种在进化过程中，由于适应相似的环境而呈现出表型上的相似性。明明是两个截然不同的物种，却具有相似的外形，这就是其神奇之处。比如大戟科的布纹球与仙人掌科的星兜，这两种植物明明有着极其相似的形态学特征，还都是多肉植物中的“抢手货”，但分子证据告诉我们这两种植物属于不同的科，在植物分类上处于不同的位置。除了植物，趋同进化的现象在动物中也相当普遍，海豚与鲨鱼都长期生活在海水中，具有相似的结构与体态，但是海豚却属于哺乳纲而非鱼纲，这也是同一个道理。

现在广泛为科学家们所认可的是 APG 系统，该系统从构建理念来说，是非常先进的。简单地说，研究组试图从种系发生的角度来对植物进行分类，他们从植物的基因序列中寻找亲缘关系，以亲缘关系的远近来构建进化树。

至今，APG 系统已经发布到第四版，从第一版开始，莲就被归到了山龙眼目。至此，香远益清、亭亭净植的莲也就找到了自己真正的归宿，科学家们以生命密码——基因为依据，以科学的名义使其顺利归位。

山龙眼目的故事还不止这些，它有四个科，包括清风藤科、莲科、悬铃木科及“科长”——山龙眼科，其中生活中比较常见的有山龙眼科的澳洲坚果，也就是夏威夷果，还有悬铃木科的法国梧桐、英国梧桐，等等。

图 5-14　夏威夷果

学名与俗名

梧桐竟不是梧桐

从植物学的角度讲，道路两旁郁郁葱葱的梧桐和宋词《凤栖梧》中所描述的梧桐并不是一种。难道完全不同的植物也会撞名吗？常作为行道树的梧桐，是悬铃木科悬铃木属的植物，原产于北美洲、欧洲南部及亚洲西部，主要是一球悬铃木（*Platanus*

图 5-15 常见的行道树梧桐是悬铃木科悬铃木属植物（蒋小涵 摄）

图 5-16 《凤栖梧》中的梧桐是锦葵目梧桐科植物（蒋小涵 摄）

occidentalis）和二球悬铃木（*Platanus acerifolia*），而另外一种梧桐是原产于中国的锦葵目梧桐科植物，学名是 *Firmiana platanifolia*。从学名的角度看，就能很明显地区分它们。

显然，植物界学名的规范使用十分重要。属名加上种加词的双名法，组成了植物的拉丁文学名，且本身词意还带有对该植物形态或作用的一定描述。一个拉丁名对应一种植物，这是多么令人感动的伟大成就。

更重要的是，由此，不同国家的植物学家终于可以好好交流了，避免了全球各国的学者在一张桌子上交流而语言不通的尴尬，这种双名法无疑是最棒的植物界的国际通用语言。

俗名很俗气，但也很有趣

学名严谨、规范、易于交流，但它并非十全十美。对于非拉丁语系国家的学者来说，记忆动辄 30 来个字母的拉丁名，除了死记硬背以外，别无选择。对于普通大众来说，使用学名更是一件非常麻烦的事情。

这时候我们需要一个更简便、更喜闻乐见的名字，也就是植物的俗名。俗名虽然很俗气，但是也很有趣。比如 *Solanum tuberosum*，在超市一般标为马铃薯或者土豆，在我国山西称为山药蛋，在云贵地区叫洋芋，广州叫薯仔，湖北叫洋苕，山东叫地蛋。这些俗名活泼形象，充满地域特色，多么有趣。

俗名也可以很文艺

俗名并不都是俗不可耐的，有的来源于民俗。《诗经》是中国最早的一部诗歌总集，极大程度上反映了当时的民俗。在其“风”“雅”“颂”三个部分里，有近三分之一的篇幅涉及植物，可见植物与我们的关系是多么密切。诗经中提到了152种野生植物。包括粮食作物，如麦、稻、黍、稷等；挺水植物，如荇菜、菡萏（莲）、葭（芦苇）；纤维植物，如麻、葛等；食用植物，如瓜、蕨、荠、荼等；再就是常见的木本植物，如桃、梅、松、柳、桐，还有一些藤本植物，比如我们喜欢的猕猴桃（苌楚）也在其列。“有女同车，颜如舜华。将翱将翔，佩玉琼琚。”其中“舜”是指现在锦葵科的木槿花。“桃之夭夭，灼灼其华。”“投我以木桃，报之以

图5-17　芦苇丛

琼瑶。匪报也，永以为好也！”读至此，谁能说俗名不是充满美感的呢？

《楚辞》中的《九歌》有一篇《湘夫人》，“桂栋兮兰橑，辛夷楣兮药房”，也就是我要用桂木做栋梁，以木兰为桁椽，用辛夷装饰门楣，以白芷装饰卧房。古老的文字中流露着对生活的向往，诗意的生活流传为千古绝唱。最美的《楚辞》里有最美的植物，而现代作家也用植物的俗名作为创作的灵感，如花榲、紫萱、徐长卿、龙葵、景天、雪见草……

图 5-18　龙葵（蒋小涵　摄）

命名新思路

在一个统一规范的拉丁文科学名称系统以外，我们也需要一个科学统一的汉语名称系统。现在，一些科学家正致力于将中国的传统文化运用于植物的命名，比如将常见于黛玉花附近又矮上一截的淡紫色花朵命名为紫娟莲，科学性与文学性兼具，既体现了植物的特征，又暗合了中国传统文化。如果能够多多融入传统文化，植物世界必定更加精彩有趣。

如果它们远去

水稻长得像高粱那么高，颗粒像花生米那么大，朋友们坐在稻穗下乘凉。这是袁隆平先生的梦想。袁隆平带领团队，利用野生水稻和普通水稻杂交，培育出高产的杂交水稻，这是利用了基因多样性的成果。中国有着丰富的野生水稻种质资源，也就意味

图5-19　青青水稻田（蒋小涵　摄）

着有一个巨大的基因库，所以我们有理由、有底气继续梦想。

曾经，美国科学家前赴后继，想方设法带走东北大豆、北京大豆等品种，并将它们与美国大豆杂交，不断筛选优良品种，才取得了现在丰硕的成果。当然，这种手段并不光彩。

图 5-20　实验室中培育的大豆（王南　摄）

物种的多样性屡屡创造奇迹，而物种单一对人类而言无疑是灾难。19 世纪，因为爱尔兰的粮食生产依赖于高产的土豆，当大面积的土豆感染晚疫病导致减产绝收时，饥荒便蔓延开来，造成了百万人死亡的人间悲剧。而当时远在美洲东海岸的土豆也感染了晚疫病，却没有造成大饥荒，是因为当地人还种有其他粮食作物。由此可见，过于依赖一个或者几个物种是不可行的；只有保证物种的多样性，人类才能更好地生存和发展。

漫长岁月里，这个世界春华秋实，夏荣冬枯；鱼翔浅底，虎啸山林，人类与其他动物、植物以及只闻其名不见其形的微生物共生共存。客观地讲，部分物种的消失是自然的规律。然而在人类文明飞速发展的当今，物种的濒危和灭绝更多源于人为。

一棵生长了五千年的红豆杉，枝繁叶茂，红果晶莹。而一个农民，用 4 天剥完四五百斤树皮，获利四五百元。这样一种美丽的树，在现代却惨遭剥皮之殇。由于从红豆杉树皮中提取的紫杉醇对某些癌症有疗效，国际市场上紫杉醇价格昂贵，于是红豆杉成了逐利之人眼中的“黄金树”。云南一家公司利用红豆杉树皮提炼药物，在 2 年多的时间里，获利 20 多亿元，这意味着约 50 万棵红豆杉树被剥皮。从 1994—2001 年不足 10 年的时间里，曾经在滇西横断山脉中，绵延不绝、生生不息生长着的数百万棵红豆杉，绝大部分遭剥皮后死亡。

红豆杉是孑遗植物，也是濒危物种。所谓濒危物种是指由于物种自身原因、受到人类活动或者自然灾害的影响，而导致其野生种群在不久的将来面临绝灭的概率很高的物种，一般指珍贵稀有的野生动植物。

图 5-21　红豆杉（蒋小涵　摄）

令人痛心的是，红豆杉濒临灭绝的悲剧在世界上不是一个孤例。在过去的5个世纪内，有案可查的就有约900种动植物从地球上消失。如今，濒临消亡的物种超过10000种，而且还有一个不能被忽视的危险信号，即大量野生动植物的数量在迅速地下降，超过以往任何一个时期。

人口迅速增长、环境遭到严重破坏、植被萎缩，直接导致了地球上野生物种快速且大面积地减少、濒危甚至灭绝，相当一大部分的种质资源在野外已经不复存在。一个关键物种的灭绝可能破坏当地的食物链，造成生态系统的不稳定，并可能导致整个生

图5-22 濒危的孑遗植物——珙桐（蒋小涵 摄）

态系统的崩解。如果它们一个接一个地离我们远去，不是危言耸听：人类将变成地球上的孤家寡人。

每个物种都是一个独特的基因库，动物、植物和野生亲缘种的基因多样性十分丰富，完全可以为动物、植物的遗传育种提供宝贵的遗传资源。这是来自大自然的厚礼，我们没有理由不珍爱它们。

当年只存 7 只的秦岭朱鹮，现在已经发展到数个群落，约 7000 余只，这带给我们极大的信心。人类有能力恢复良好的生态，保护地球上丰富的野生动植物资源宝库。

第6章

生物与环境

“人间四月芳菲尽，山寺桃花始盛开。”“种豆南山下，草盛豆苗稀。”“儿童急走追黄蝶，飞入菜花无处寻。”这些诗句反映了环境对生物的影响，生物对环境的适应。

生物与环境是一个统一不可分割的整体，环境影响着生物，而生物适应着环境，同时也反过来不断地影响环境。生物与环境组成生态系统，它们在生态系统中相互依存、密切相关，进行着能量流动与物质循环，体现着“吃与被吃”“压迫与反抗”“产生演替时的倔强”。那么，生物与环境的关系具体是怎样的呢？就让我们随着本章一同走进生物与环境的世界吧。

生态系统

图 6-1 是从细胞到生物圈的等级结构图，我们可以清楚地看到生态系统是第一个包含所有生命以及生存条件的层级。那么什么是生态系统呢？

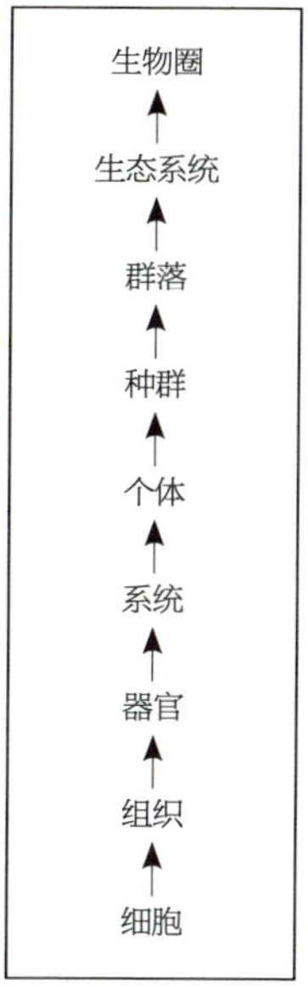

图 6-1 等级结构图

生物 + 环境=生态系统

生物是具有生长、发育、繁殖等能力，能通过新陈代谢作用与周围环境进行物质交换的有生命的物体，比如在前面章节里我们已经介绍过的植物、动物、微生物。环境则是指生物体或群体以外的空间，以及影响该生物体或群体生存与活动的外部条件的总和。生物与环境二者由于不断进行物质循环和能量流动过程而形成的统一整体，就是我们所说的生态系统，即生物加环境等于生态系统。

生态系统既是一个地理单元，也是一个具有输入和输出、有一定自然或人为边界的功能系统单位。此外，作为生态学的基本单位，它是完整的，包含生存所必需的生物成分和非生物成分。

生态学概念的提出

早在春秋战国时期，中国就已经有了“天人合一”的理念，这一理念认为宇宙自然是大天地，人则是一个小天地。人和自然在本质上是相通的，故一切人事均应顺乎自然规律，达到人与自然的和谐。老子说：“人法地，地法天，天法道，道法自然。”人与自然就是一个生态系统，是一个生命共同体。

生态系统的概念最初是由英国生态学家阿瑟·乔治·坦斯利在 1935 年提出的。他通过对植物生态学进行深入的研究，发现土壤、气候和动物对植物的分布和丰盛度有明显的影响，即居住在同一地区的动植物与其环境是结合在一起的，生物与其特定的系统构成了地球表面上具有大小和类型的基本单位，这就是生态系统。该概念最早出现在《植物生态学概论》中，但关于生态系统正式的陈述直到 19 世纪晚期才提出，有趣的是，美国、英国和俄国的生态学家几乎同时论述了生态系统。1925 年，物理学家阿弗雷德·洛特卡曾在《自然生物学的要素》一书中提到：有机和无机世界是一个功能整体，如果不了解整个系统，是不可能了解其中任何一部分的。坦斯利和洛特卡几乎在同一时间分别提出生态系统的理念。坦斯利由于提出了“生态系统”一词而更早被人熟知，也获得了更多的荣誉，也许这些荣誉他应该与洛特卡一块分享。直到 20 世纪中期，路德维希·冯·贝塔朗菲和其他的一些生态学家发展出了一个普适系统理论。利用生态系统或者系统的方法去解决环境问题开始得到广泛关注。

走进生态系统

在生态系统模型中，生态系统被模型设计者定义为一个整体，以“黑箱”的形式呈现，以便更好地对其进行评估。

生态系统的特点：(1)生态系统是一个开放的系统，必须依赖外界环境的输入（如太阳能）和输出（如排泄物），受外部环境影响。(2)生态系统具有一定的自我修复功能，在一定范围内，生态系统能对因外界干扰而受到的损失进行自动调节，维持正常的结构与功能，保持在一个相对平衡的状态。(3)一个完整的生态系统包括环境、生产者、消费者、分解者四个组分。环境指的是水、二氧化碳、氧气、钙、氮和磷盐等非生物组分；生产者、消费者和分解者为生物组分。其中生产者为主要成分，无机环境是基础，无机环境条件的好坏直接决定生态系统的复杂程度和生物群落的丰富度，生物群落又反作用于无机环境，生态系统中的各个成分紧密联系，使生态系统成为具有一定功能的有机整体。

简言之，生态系统中生物与环境相互依存，二者息息相关。此外，不管是陆地生态系统、海洋生态系统，还是农业生态系统，所有生态系统都有一个共同的特征，即自养生物和非自养生物之间的相互作用。由于取食和被取食的关系，生物组分被串联在一起形成了食物链，以池塘为例的食物链为：生产者（浮游植物和藻类等）→初级消费者（浮游动物和软体动物等）→次级消费者（鱼类等）→分解者（细菌和真菌）。

然而，近年来由于极端气候的频繁出现和人为活动对环境造成的巨大影响，如土壤侵蚀、生物入侵和湖泊富营养化等，许多生物链遭到严重破坏，许多生态系统也因此受到严重影响，很多生物不得不改变其原有习性以更好地适应环境变化。那么，生物究竟是如何适应极端环境的呢？更多生态系统相关知识等你一同来探索。

生物与环境密切相关

生物的生存，或需要阳光，或需要水源，或需要空气，换言之，在生态系统中，生物与环境是一个不可分割的整体，它们相互作用，并在一定时期内处于相对稳定的动态平衡状态。

生物与环境的关系主要表现为四点：物竞天择、适者生存、相互依存、和谐相处。

物竞天择

各大生物的生存除了受到种间相互竞争的影响，也取决于自然选择，南北不同地域、不同气候带、不同海拔高度环境下的生物类型存在差异，例如：绝大多数鱼儿都必须生活在水里，离开水一段时间就会死亡；热带的植物适宜生活在温暖的地方，如果迁移到寒冷的地方，就容易受到冻害甚至死亡；沙漠中土地瘠薄，水分、养料都不充足，植物种类稀少。

适者生存

所谓适者生存，即表现为生物对环境的适应：如北方的针叶林多具有抗寒因子；沙漠的植物有的具有发达的根系用以吸收水分，有的具有蒸发量小或者较厚的叶片用以维持体内的水分，像骆驼刺和仙人球。如果无法适应环境，生物可能将面临灭绝，例如猛犸象和恐龙因为气候的变化、缺乏食物而灭绝；如今的许多生物由于人类的活动对其赖以生存的家园造成了影响，种类也在逐渐减少。

图 6–2　针叶林

图 6–3　骆驼刺

图 6–4　仙人球

相互依存

地球大气中最早出现的氧气是植物光合作用的产物，随着水体内低等植物藻类排放氧气量的增加，才出现各种高等动物，生物多样性由此增加；由于人类的活动加剧，空气中的二氧化碳浓度升高，造成臭氧层空洞，产生温室效应，全球的气候升温变暖，冰川融化，进而又影响到人类和其他生物的生存。

图 6-5　全球变暖，冰川融化

和谐相处

生物与环境之间相互作用，相互依存，彼此依赖，只有生物和环境和谐相处，达到平衡状态，生态系统才得以稳定，而这也正是目前我们所倡导的生态文明建设目标。

食物链与生物拟态

“螳螂捕蝉，黄雀在后”“鹬蚌相争，渔翁得利”，生态系统中各种生物之间由于食物营养关系而形成一种联系，这种由于一系列吃与被吃的关系彼此联系起来的序列，在生态学上被称为食物链，贮存于有机物中的化学能量也随之在生态系统中层层传导。

食物链的种类

按照生物与生物之间的关系可将食物链分为捕食食物链、腐食食物链（碎食食物链）和寄生食物链。而一个食物链一般包括三到五个环节，不同环节的生物数量相对恒定，以保持自然平衡。

捕食食物链是由一个植物，一个以植物为食料的动物和一个或多个肉食动物形成的食物链，如青草→老鼠→蛇→鹰；腐食食物链（碎食食物链）指以零碎食物为基础形成的食物链，如：树叶碎片及小藻类→虾（蟹）→鱼→食鱼的鸟类；寄生食物链则是以大动物为基础，小动物寄生到大动物上形成的食物链，如哺乳类→跳蚤→原生动物→细菌→过滤性病毒。

许多条食物链组成一个食物网，而一个复杂的食物网是使生态系统保持稳定的重要条件。一般认为：食物网越复杂，生态系统抵抗外力干扰的能力就越强；食物网越简单，生态系统就越容易发生波动和毁灭。

食物链的特点

食物链主要有四个特点:（1）生物富集。指有毒物质被食物链的低级部分吸收，随着食物链层级的增加，有毒物质会逐渐在下一级积累，也就是说，毒素在食物链有累积和放大的效应。（2）能量单向流动，逐级递减。食物链的能量，由于在食物链中传递效率为10%—20%，因而食物链无法无限延伸，存在极限，很少包括六个以上的物种，因为传递的能量每经过一阶段或食性层次就会减少一点。（3）捕食食物链的起点都是生产者，终点是不被其他动物所食的动物，即中间不能有间断，不出现非生物物质和能量及分解者，只有生产者和消费者。（4）捕食具有单向性。食物链中的捕食关系是长期自然选择形成的，不会倒转，因此箭头一定是由上一营养级指向下一营养级。

食物链中的生物拟态

食物链中常常存在一种生物模拟另一种生物或模拟环境中的其他物体，从而获得好处的现象，即生物拟态，简单说就是“伪装”。生物拟态分为一级拟态和二级拟态：一级拟态是用拟态外貌来避敌或觅食，从而适应食物链的弱肉强食，如枯叶蝶拟态成枯叶躲避天敌、螳螂拟态成兰花、章鱼拟态成海底沙地；二级拟态则不仅外形拟态，还增加了化学拟态，模仿目标的气味，或分泌吸引对方的物质，如兰花拟态成动物来吸引蜜蜂，从而达到传粉的效果。

图 6-6　枯叶蝶拟态成枯叶

图 6-7　螳螂拟态成兰花

图 6-8　章鱼拟态成海底沙地

图 6-9　兰花拟态成动物

极端环境下的生命

春有百花夏有雨，秋有落叶冬有雪。不过，除了这些美丽的存在，地球上还有一些恶劣天气的发生，如热浪、洪水等。接下来，我们一起来看一下世间生物是如何适应极寒、极热和其他难以想象的环境条件的。

动物

冰天雪地的南极，目之所及皆是白雪皑皑和常年不会解冻的冰川。企鹅家族中个头最大的是帝企鹅，其孵化过程是极为壮观的。为了抵御低温和大风（南极的风速可达200千米/时），成千上万只雄企鹅会挤在一起，并且轮流换到外围。英国纪录片《王朝》中，帝企鹅为了守护幼崽，用身体筑成一道隔离墙，帮助小帝企鹅平安度过极夜。抱团取暖的效果是很明显的，当它们紧紧聚群的时候，周围环境温度可以达到37.5℃，接近动物的体温，和外面极低的气温相比，温差接近100℃。

水熊虫是科研界的“网红”，人送外号“小美”，以超强的生命力出名。在高温、高碱、高压、缺氧、缺水等环境下生存，对它来说都是小菜一碟，毕竟它在充满辐射的外太空中都能存活好几个星期，是目前已知唯一能在太空环境中存活的生物。

这么神奇的生物，你一定很想知道它到底是何方神圣。其实水熊虫并非一个物种，而是由1150多个物种组成的缓步动物门的统称。它们以水为家，身体周围需要包裹一层薄薄的水来进行呼吸和移动。此外，它们不“挑食”，大多数靠吸食动植物细胞里的汁液为生，也有

图6-10　水熊虫刚出生时只有50微米，成虫也就几百微米

少数不爱吃素的，会捕食其他同类。

水熊虫适应性有多强呢，假如给它吸食类胡萝卜素，它就会变成粉色的“小猪猪”；给它吸食叶绿素，它就会变成绿色的“蚕宝宝”。

植物

海草是指生长于温带、热带近海水下的被子植物，是一类生活在温带海域沿岸浅水中的单子叶草本植物。叶片柔软细长呈带状的大叶藻，通常长30—150厘米，宽0.7—1.6厘米，这种窄条状的叶片形状有利于水草躲避大的风浪，避免叶片被流体阻力损伤。

大多数生活在陆地上的植物常常要面对缺水的致命问题，那

图6-11　大叶藻

是不是躲在水里面的植物，就“吃喝不愁”了呢？水生植物确实“喝水”不愁，但水下的二氧化碳扩散不像在大气中那么迅速，仅为空气中的扩散速率的万分之一。要知道在大气中，二氧化碳是陆生植物无机碳供应的唯一形式。活生生的植物不会让自己饿死，于是水生植物就进化出了多种无机碳利用策略，毕竟水体中的无机碳源除了二氧化碳，还有碳酸、碳酸氢根离子和碳酸根离子。

图 6–12　可以利用碳酸氢根的龙舌草（付文龙　摄）

微生物

炽热的暗红色烈焰裹挟着滚滚黑烟、汹涌岩浆，伴随着巨大的轰隆声响，以不可压倒的气势涌向四周，温度之高足以熔化大部分岩石，环境恶劣到大多数生命形式都无法在此生存。然而，微生物（嗜热菌）却能在烈焰中旺盛生长，难道它们跟孙悟空一样练就了不怕火的本领吗？

嗜热微生物为了能在高温条件下生长繁殖，做了许多努力，毕竟想要与众不同不是那么容易的。与常温微生物相比，嗜热微生物的细胞膜、嗜热蛋白、嗜热酶，以及遗传物质结构的稳定性都不相同。嗜热微生物细胞膜中长链饱和脂肪酸比例高，使其耐高温水平提高；蛋白质一级结构的稳定及钙离子的保护，也使得

图6-13 嗜热微生物使黄石国家公园的大棱镜温泉呈现出明亮的色泽

其耐热性高。斯坦福大学的研究发现，这类微生物中含有一种含钨的酶，这种酶被认为在嗜热微生物的代谢中起关键性作用。

美国的海洋调查船在华盛顿州西海岸钻透了265米的海底沉积层以及300米的海洋地壳进行研究，采集到了大约350万年前形成的玄武岩样本，让人吃惊的是，样本中有无处不在的微生物，它们居然还活着！

它们是怎么适应如此极端的环境的呢？

玄武岩含有丰富的铁元素，当水流经时会产生氢，为了适应玄武岩的特殊生境，这些微生物巧妙地利用了这些氢，将二氧化碳转化为有机物存活下来。此外，它们通过代谢硫化物，释放出甲烷。这种神奇的类似于“光合作用”的代谢形式，为生命提供着必要的生存物质与能量。

以上是生物对极端环境条件适应的表现，植物、动物和微生物会通过不断地改变自身条件来适应恶劣的环境条件，毕竟适者生存，优胜劣汰。当外部条件对其造成严重危害的时候，它们也会反抗。

在生态系统中，植物是生产者，为动物和微生物提供营养物质，同时为了自身生存，植物会在次级代谢过程中产生“化感物质”。“化感物质”是植物所产生的影响其他生物生长、行为和种群生物学的化学物质，如红薯被地蚕啃食，其受伤部位就会产生一种有毒的苦味物质，抵制地蚕的再次取食。当黄瓜或香瓜的嫩瓜被害虫爬过，我们再去吃成熟后的果实时，会发现其果皮有苦味。有的植物甚至演化出和动物一般的吃肉本领，如猪笼草可以捕食一些小昆虫来补充自身营养的不足。

图 6-14　猪笼草

植物对环境的适应性通常被认为是其经过几千年的遗传密码突变缓慢积累进化而来的，但罗切斯特大学的一名生物学家发现一些植物的适应性几乎是即刻形成的，这一过程是通过简单地加倍现有的遗传物质数量，而不是通过改变DNA序列来完成的。

大千世界，无奇不有，相信还有更多奥秘在等待我们去探索！

生物演替中的先锋物种

在生态学中，随着时间的推移，生物群落中一些物种侵入，另一些物种消失，群落组成和环境向一定方向产生有顺序的发展变化的现象，被称为演替，而先锋物种是出现在演替早期或中期阶段的一类物种，其生态适应能力极强。

先锋物种并不专指某一种生物，对于不同的生态群落，其先锋物种往往不同且有多种，在生态恢复（指帮助恢复和管理生态完整性）的过程中，或见于山野田间，或见于公园草地。

常见的先锋物种多为植物，也常被称为杂草或杂木，草本多为一二年生，木本为多年生，植物体木质部发达。常见的先锋物种有：一年蓬、马尾松、繁缕、点地梅等。

一年蓬，一年生或二年生草本，原产于北美洲，在我国已被驯化，常生于路边旷野或山坡荒地。

图 6-15　一年蓬

马尾松，乔木，为喜光、深根性树种，能生于干旱或瘠薄的红壤、石砾土及沙质土中，也有生于岩石缝中的，是荒山恢复森林的先锋树种。

繁缕，一年生或二年生草本，在中国各地均有分布（仅新疆、黑龙江未见记录），为常见田间杂草。

图 6-16　马尾松

图6-17　繁缕

点地梅，一年生或二年生草本，产于东北、华北和秦岭以南各省区，生于林缘、草地和疏林下。

在生态修复中，先锋物种可用来搭建生态群落，此方法称为物种框架方法。对于一个待恢复的生态群落，通常采用喜光的、易于传播的草本植物作为先锋物种。它们可以改变地区土质，吸引动物，为其他植物和动物的恢复创造条件，待次生植被出现后再逐渐被取代，因此，可用来治理沙漠化和石漠化。选择先锋物种时，应该注意，由于某些先锋物种生态适应性强，生长极快，具有一定入侵性，或者一些先锋物种所分泌的次生代谢物会抑制其他植物生长，也可能会抑制后来物种的发展。不过，先锋物种在生态恢复中有时候也是可以忽略的。对于因人为活动而造成的区域隔离和物种消失的情况，仅靠自然是很难恢复生态群落的，此时，可以跳过种植先锋物种的步骤，直接种植演化成熟阶段的植被来人为地恢复多样性。

先锋物种除了具有生态效益之外，也可以产生经济收益，很多先锋物种具有药用价值。经过多年不懈的努力，科学家已发现了花椒、香椿、火棘、杜仲、构树、忍冬、柏木和麻风树等一批既能在石漠化地区顽强生长，又具有经济价值的先锋物种。

图 6-18　点地梅